普通高等教育系列教材

UG NX 三维建模与应用

褚　忠　管殿柱　纪志杰　等编著

机械工业出版社

本书从机械 CAD/CAM 基础知识入手，以基本操作加案例的形式，讲解 UG NX 的特性、操作方法以及设计思路，帮助读者快速掌握三维建模软件并进行产品设计。

本书主要内容包括 UG NX 概述、建模基础、零件参数化建模、装配建模、工程图、通用标准件设计和非标件参数化设计，兼顾软件基础、进阶提高和工程应用。

本书内容全面，条理清晰，案例丰富，讲解详细，既可作为高等院校机械 CAD/CAM 相关课程的教材，也可作为工程技术人员自学 UG NX 软件的入门教程和参考书，以及对制造行业有兴趣的读者的自学用书。

本书配有电子教案和素材文件，需要的教师可登录 www.cmpedu.com 免费注册，审核通过后下载，或联系编辑索取（微信：13146070618，电话：010-88379739）。

图书在版编目（CIP）数据

UG NX 三维建模与应用 / 褚忠等编著 . —北京：机械工业出版社，2023.8（2025.1 重印）

普通高等教育系列教材

ISBN 978-7-111-72486-5

Ⅰ. ①U… Ⅱ. ①褚… Ⅲ. ①计算机辅助设计-应用软件-高等学校-教材 Ⅳ. ①TP391.72

中国国家版本馆 CIP 数据核字（2023）第 034478 号

机械工业出版社（北京市百万庄大街 22 号 邮政编码 100037）

策划编辑：胡 静 责任编辑：胡 静 解 芳
责任校对：张亚楠 张 薇 责任印制：常天培

北京中科印刷有限公司印刷

2025 年 1 月第 1 版第 2 次印刷

184mm×260mm・17 印张・429 千字

标准书号：ISBN 978-7-111-72486-5

定价：69.00 元

电话服务　　　　　　　　　　网络服务

客服电话：010-88361066　　机 工 官 网：www.cmpbook.com
　　　　　010-88379833　　机 工 官 博：weibo.com/cmp1952
　　　　　010-68326294　　金 书 网：www.golden-book.com
封底无防伪标均为盗版　　机工教育服务网：www.cmpedu.com

前　　言

UG NX 作为 Siemens PLM Software Inc.的核心产品，功能强大，是当今世界上先进的集成 CAD/CAM 的系统之一，覆盖产品的整个开发过程，是产品全生命周期管理的完整解决方案；广泛应用在航空航天、汽车、家电等行业中，在新产品的研发制造中发挥着巨大的作用。

UG NX 包含许多模块，其中，NX CAD 整合了参数化建模和不依赖历史建模的同步建模技术，适用于多种场合的 CAD 数字样机设计，在国内外相关行业中应用广泛。本书是编者根据多年的教学和实际应用经验，将 CAD 原理、软件操作、产品设计方法相结合，兼顾软件基础知识的学习、进阶提高和工程实际应用编写而成。

为了使读者更快地掌握 UG NX 的基本功能，编者结合大量的案例对软件中的命令和功能进行讲解，并讲述了一些常见产品的设计方法和思路。本书详细描述了软件操作过程中参数的设置、操作顺序等，使读者能够直观、准确地学习使用软件，初步学会零件建模的方法和技巧；在此基础上，增加工程实际案例，提高软件应用水平。前 5 章附有思考与练习，便于读者自行练习，巩固软件的操作方法。

本书在重要的知识点和难点上增加了案例，这些案例都来源于实际生产，具有很强的实用性，有利于读者对软件的掌握。本书详细讲解了常用建模方法的基本命令选项，其他的命令选项则在实例中具体讲解，这有利于循序渐进地学习 UG NX 相关知识。本书特色如下：

1）淡化软件版本，适用范围更广。内容适合 UG NX 12 及以后版本，本书以 UG NX 1847 为主，部分功能涉及 UG NX 1953。

2）淡化 UG NX 软件操作知识的讲解，注重基于软件的产品设计的方法和过程。

3）案例丰富，除每章的知识点案例外，最后两章为常用标准件和工程实际中非标件的参数化设计案例。

4）兼顾初、中级用户，知识点循序渐进，实用性强。

本书提供了所有实例的源文件、操作结果文件。

本书由褚忠、管殿柱、纪志杰、秦明英、刘燕、李大平、李龙洋、安前方、程道来、管玥、李文秋编著，西门子工业软件（上海）有限公司的工程师也为本书提供了许多帮助，在此一并表示感谢！

由于编者水平有限，书中难免存在不足之处，恳请读者给予指正。

编　　者

目　　录

第 1 章 UG NX 概述

UG NX 是 SIEMENS 新一代数字化产品开发系统，主要应用于汽车与交通、航空航天、日用消费品、通用机械以及电子工业等领域。UG NX 整合了 CAD、CAM、CAE 和 PDM 应用程序，是集 CAD/CAE/CAM 为一体的三维参数化软件，是先进的计算机辅助设计、分析和制造软件之一。

学习目标
- ❒ UG NX 软件界面
- ❒ UG NX 与 CAD 几何建模技术的发展历程
- ❒ UG NX 软件的常用操作
- ❒ UG NX 软件的定制

1.1 概述

UG NX 软件作为 SIEMENS 公司的产品全生命周期解决方案中面向产品开发领域的旗舰产品，为用户提供了一套集成、全面的产品开发解决方案，用于产品设计、分析、制造，帮助用户实现产品创新，缩短产品上市时间、降低成本、提高质量。

UG NX 软件的 CAD/CAE/CAM 系统提供了一个基于过程的产品设计环境，使产品开发从设计到加工真正实现了数据的无缝集成。UG NX 面向过程驱动的技术是虚拟产品开发的关键技术，产品的数据模型能够在设计制造全过程的各个环节保持相关，有效地实现了并行工程。UG NX 不仅具有强大的实体造型、曲面造型、虚拟装配和生成工程图等设计功能，而且，通过有限元分析、机构运动分析、动力学分析和仿真模拟，提高了设计的可靠性。同时，还可以用建立的三维模型直接生成数控代码，用于产品的加工，其后处理程序支持多种类型的数控机床。

1.1.1 UG NX 软件的界面

启动 UG NX 后，打开现存的一个部件，软件界面如图 1-1 所示。软件界面包括标题栏、主页菜单栏、命令组工具栏、绘图区和资源导航器等。

1. 标题栏

UG NX 标题栏只显示软件的子模块，自 UG NX 1847 以后不再有版本号。

2. 快速访问工具条

快速访问工具条包含常用的命令，如保存、后退、剪切、复制等。可通过工具条选项按钮 ▾，显示或关闭快速访问工具条的内容。

3. 主页菜单栏

主页菜单栏包括了 UG NX 软件的主要功能，直接显示在图形窗口顶部标题栏下。每一个菜单对应一个 UG NX 的功能类别。默认的是"主页"菜单、"装配"菜单、"曲线"菜单、"分析"

菜单、"视图"菜单、"工具"菜单、"应用模块"菜单,"多边形建模""增材制造设计""逆向工程"等菜单可通过右键快捷菜单选择"增加"。每个菜单中会显示所有与该功能有关的命令。有些命令在工具栏中并不显现,可通过右键快捷菜单打开或关闭。

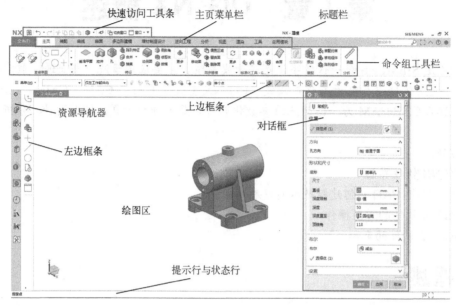

图 1-1　UG NX 软件界面

4. 命令组工具栏

命令组工具栏是一组命令按钮,每个按钮代表一个命令。工具栏内容与菜单中的命令相对应,使用工具栏操作更方便。UG NX 各功能模块提供了对应的工具栏,可在命令组工具栏选择打开或关闭(右下角 ▾ 按钮)。

5. 资源导航器

资源导航器记录草图、特征的创建过程,用户可以查看和编辑该历史过程。资源导航器可以位于窗口的左侧,也可以设置在右侧。通过单击资源导航器上的按钮可以调用装配导航器、部件导航器、重用库、Web 浏览器、角色和历史记录等。

6. 上边框条

上边框条包括过滤器、图形快速捕捉器和视图显示组,显示的内容也可通过右端 ▾ 按钮,控制各子选项的打开或关闭。

7. 左边框条

左边框条是 UG NX 1847 新增的功能。除此之外,还有右边框条。左边框条除了通过下方的按钮 ▾ 来"预设命令组"选项外,还记录了最近使用的命令。

8. 提示行与状态行

提示行显示关于当前操作过程中要输入内容的提示信息,提示下一步应进行的操作。状态行默认在提示行的右侧,用于显示系统状态及功能执行情况。在执行某项功能时,其执行结果会显示在状态行中。

9. 绘图区

绘图区即工作区,是创建、显示和编辑图形的区域,也是进行结果分析和模拟仿真的窗口。

1.1.2 用户界面的设置

　　UG NX 软件默认的工作界面是一种通用的设计界面，可满足大多数用户的需要。但对不同的应用情况和个人喜好，该界面可能并不是最适合的。因此，UG NX 提供了方便的界面定制方法，可以按照个人需要对主菜单以及工具栏进行个性化定制。

1. 工作界面

　　启动 UG NX 软件后，进入建模模块。因个人偏好或工作性质的需要，可对工作界面进行个性化定制，包括快速访问工具条、主页菜单栏、命令组工具栏和上边框条等。定制方法比较相似，即利用右键快捷菜单实现显示和隐藏。

　　（1）快速访问工具条

　　快速访问工具条是为快速访问常用的操作而设计的特殊对话框。工具条是一行按钮，每个按钮代表一个功能，默认状态下只显示一些常用工具，所有命令都在下拉菜单中显示。快速访问工具条位于工作界面的最上方，如图 1-2 所示。

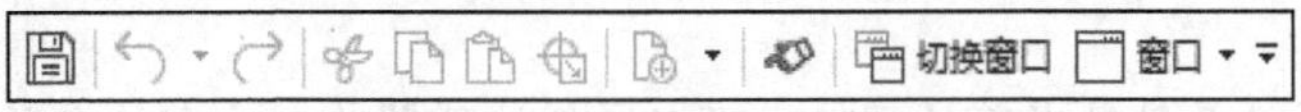

图 1-2　快速访问工具条

　　在快速访问工具条最右侧处单击 ▼ 按钮，弹出图 1-3 所示的菜单。通过选择菜单中的选项，快速访问工具条可显示或隐藏对应的子菜单。

　　在快速访问工具条最右侧处右击 ▼ 按钮，弹出图 1-4 所示的菜单。通过选择菜单中的选项，使"主页"菜单显示或隐藏对应的选项。

　　（2）主页菜单栏

　　利用上述快速访问工具条右侧键或者在主页菜单栏右侧空白区域右击，可设置主页菜单栏显示或者隐藏的菜单选项。

　　（3）命令组工具栏

　　单击命令组工具栏最右侧 ▾ 按钮，可以隐藏不常用的工具条，如齿轮工具、弹簧工具等，反之可以将这些工具条显示出来。

特别提示

　　在主页菜单栏或命令组工具栏空白区域右击，在快捷菜单中选择"定制"选项，弹出图 1-5 所示的"定制"对话框。选择"选项卡/条"选项卡，显示很多个复选框，选择其中的选项，对应的工具条将出现在绘图界面。例如，选中"装配"复选框后，主页中会出现"装配"菜单，其作用与图 1-4 所示方法一致。"定制"对话框中其他选项卡的操作方法类似。

---

2. 首选项设置

　　首选项设置是指对一些模块的默认控制参数进行设置，如定义新对象、用户界面、资源板、选择、可视化，调色板和场景等。在不同的应用模块下，"首选项"菜单会相应地发生改变。"首选项"菜单中的大部分选项参数与默认设置相同，但在首选项下所做的设置只对当前文件有效，保存当前文件即会将当前的环境设置保存到文件中。在退出 UG NX 后再打开其他文件时，将恢复到系统或默认设置的状态。

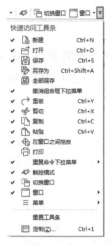  

图 1-3　单击▼键弹出菜单　　图 1-4　右击▼键弹出菜单　　图 1-5　"定制"对话框

特别提示

首选项中的设置只是针对当前的零件，可以通俗地理解为一个零件自带着一个 UG NX 的环境。对某个图档的继续操作都会继承该图档之前的首选项设置，如果把该图档复制到其他计算机中也是如此。

用户默认设置指的是 UG NX 默认配置环境，包括建模、制图和加工等默认设置的环境。用户默认设置只对本机用户的设置有效，通俗地讲就是每台计算机中 UG NX 的默认设置都是由用户设置的，对于同一用户而言，之前设置的环境持续有效。具体设置方法将在 1.5 节中详细讲解。

（1）用户界面设置

选择"文件"→"首选项"→"用户界面"选项，弹出"用户界面首选项"对话框，如图 1-6 所示。"用户界面首选项"对话框中共有 7 个选项卡：布局、主题、资源条、触控、角色、选项和工具，其中，"资源条"选项卡可对资源条的放置位置（左侧或右侧）等进行设置，其他可选用默认值。

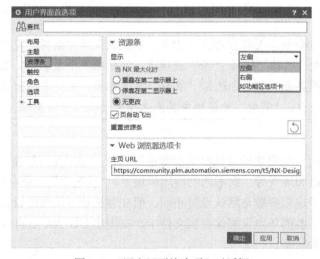

图 1-6　"用户界面首选项"对话框

（2）选择设置

首选项中的"选择"，主要是用来设置鼠标在选择对象时的一些参数规则，例如，鼠标指针的形状"矩形""圆"，光标显示的大小等。

选择"文件"→"首选项"→"选择"选项，弹出"选择首选项"对话框，如图 1-7 所示。对于初学者，建议尽量不要去修改这些设置软件参数，否则软件会出现用户不想要的结果。如果要进行参数设置，要牢记软件原先是怎么设置的，在修改设置后，发现软件有不对劲的地方可以立刻重新设置回来。

（3）对象设置

对象设置主要用于设置对象（几何元素、特征）的属性，如线型、线宽、颜色等。

选择"文件"→"首选项"→"对象"选项，弹出"对象首选项"对话框，如图 1-8 所示。"对象首选项"对话框中包含 3 个选项卡："常规""分析"和"线宽"。其中，"常规"选项卡主要用于工作层的默认显示设置；模型的类型、颜色、线型和宽度的设置；实体和片体的着色、透明度显示设置。

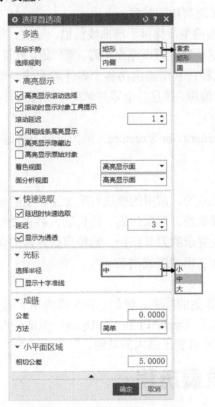

图 1-7 "选择首选项"对话框

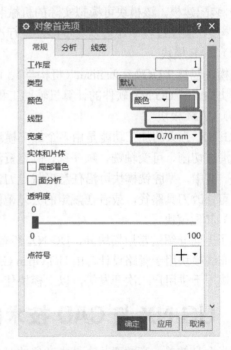

图 1-8 "对象首选项"对话框

（4）场景设置

场景设置用于设定屏幕的背景特性，如颜色和渐变效果。背景一般为普通（仅有一种底色）和渐变（由一种或两种颜色呈逐渐淡化趋势而形成）两种情况。系统默认为"渐变"背景，若用户喜欢单色背景，可将"着色视图"类型改为"纯色"，然后单击"颜色"按钮，在随后弹出的"颜色"对话框中任选一种颜色作为背景颜色。具体操作方法将在后续的案例中讲解。

1.1.3 UG NX 软件的功能

UG NX 软件由多个模块组成，主要包括 CAD、CAE、CAM 模块、注射模块、钣金模块、逆向工程模块等，其中每个功能都以建模环境为基础，各模块各自完成产品设计制造过程中不同的任务，从而实现高效、科学的设计制造过程。

（1）CAD 模块

该模块包括了实体建模、特征建模、自由形状建模、装配建模等基本模块，这些模块一起构成了 UG NX 软件强大的计算机辅助设计功能。

1）实体建模。该模块将基于约束的特征建模和显示几何建模方法结合起来，并提供了强大的复合建模工具。用户可以建立传统的圆柱、立方体等实体，也可以建立面、曲线等二维对象，同时可以进行拉伸、旋转及布尔操作，通过各对象搭建成所需的实体。

2）特征建模。该模块提供了基于约束的特征建模方式，利用工程特征定义设计信息，提供了多种设计特征，如孔、槽、型腔、凸台等。所建立的实体特征可以参数化定义，其尺寸大小和位置可以编辑，大大地方便了用户操作，特别是在修改实体的时候。

3）自由形状建模。该模块可用于建立复杂的曲面模型，提供了沿曲线扫描、蒙皮、将两个曲面光滑地连接、利用点和网格构造曲面等功能，利用这些功能可以建立机翼、直气道、叶片等模型。

4）装配建模。该模块可模拟实际的机械装配过程，利用约束将各个零件装配成一个完整的机械结构。在装配过程中还可以对零部件进行设计和编辑，并且各个零件装配以后还保持相关性。

（2）CAE 模块

该模块包括 T UG/Mechanism（机构学）、UG/Scenario for Structure（结构分析）等基本模块，这些模块构成了 UG NX 软件的计算机辅助工程功能。

（3）CAM 模块

UG NX 强大的加工功能是由多个加工模块所组成的。常用的模块有车加工、型腔铣、固定轴铣、清根切削、可变轴铣、顺序铣、制造资源管理系统、切削仿真、线切割、后置处理、机床仿真等。其中，型腔铣模块可沿任意形状走刀，产生复杂的刀具路径。当检测到异常的切削区域时，它可修改刀具路径，或者在规定的公差范围内加工出型腔或型芯。

（4）其他模块

除了上面介绍的常用模块外，UG NX 还有一些其他的模块。例如，钣金模块用于钣金设计，管道与布线模块用于管路设计，由 UG/Open GRIP、UG/ OpenAPI 和 UG/Open++组成的 UG/Open 开发模块用于供用户二次开发等，以上模块使 UG NX 具备了强大的功能。

1.2 UG NX 与 CAD 技术的发展历程

在当今高效益、高效率、高技术竞争的时代，要适应瞬息万变的市场要求，提高产品质量，缩短生产周期，最大限度地提供满足客户需求的产品和服务，就必须采用先进的设计和制造技术。产品设计技术的发展是机械制造业发展的主要因素，UG NX 的发展历程与 CAD 技术的发展存在密切的联系。

1.2.1 UG NX 的发展历程

20 世纪 60 年代，美国麦道飞机公司为了解决自动编程的问题，成立了专门的数控小组，研究成果逐步发展成为 CAD/CAM 一体化的 UG 软件，在 20 世纪 90 年代被 EDS 公司收购，为通用汽车公司服务，2007 年 5 月正式被西门子收购。因此，UG 有着美国航空和汽车两大产业的背景。自 UG 19 版以后，此产品更名为 UG NX。UG NX 是 SIEMENS 新一代数字化产品开发系统，它可以通过过程变更来驱动产品革新。

2002 年发布 UG NX 1，开始将 I-deas 与 UG 进行融合，之后每年推出一个新版本。2005 年发布 UG NX 4，UG NX 4 以 UG 在数字化模拟和工程领域的领导地位为基础，并特别针对产品式样、设计、模拟和制造开发了新功能。它带有数据迁移工具，对希望过渡到 UG NX 的 I-deas 用户能够提供很大的帮助。

2013 年 9 月，Siemens PLM Software 发布了 UG NX 9 正式版软件。此版软件除仅支持 64 位操作系统以外，最主要的是对用户交互引入了 Microsoft Ribbon 方法，采用了同微软 Office 2010 用户界面一样的 Ribbon（带状工具条）功能区界面。此外还引入了 UG NX "创意塑型" 这种新方法来创建高度程式化的模型；对 2D 草图绘制引入了同步技术概念，无须预先创建约束即可更改逻辑，还可以自动识别各种关系（如相切）。

2019 年 1 月，正式发布 UG NX 1847 版本，该版本是 UG NX 的一个重大里程碑。"1847" 是为纪念德国西门子集团创始于 1847 年，软件以后将实现在线升级，UG NX 将会自动检查更新包，比较容易保持 UG NX 的最新版本，便于用户了解软件新功能以及性能改进。此外，该版本针对产品的各方面均有增强功能，可让用户在协同环境中工作的同时，提高产品开发和制造方面的生产效率。

1.2.2 CAD 技术的发展历程

CAD 技术起步于 20 世纪 50 年代后期。发展初期，CAD 的含义仅仅是图板的替代品，即 Computer Aided Drawing（or Drafting），而非现在的 CAD（Computer Aided Design）所包含的全部内容。当时 CAD 技术的出发点是基于传统的三视图，通过在计算机屏幕上绘图来表达零件外形，以图样为媒介进行技术交流，也就是二维计算机绘图技术。

1. 曲面造型技术

20 世纪 60 年代出现的三维 CAD 系统只是极为简单的线框式系统。这种初期的线框造型系统只能表达基本的几何信息，不能有效表达几何数据间的拓扑关系。由于缺乏形体的表面信息，CAM 及 CAE 均无法实现。

进入 20 世纪 70 年代，正值飞机和汽车工业的蓬勃发展时期。此间飞机及汽车制造中遇到了大量的自由曲面问题，当时只能采用多截面视图、特征纬线的方式来近似表达所设计的自由曲面。由于三视图方法表达的不完整性，经常发生设计完成后，制作出来的样品与设计者所想象的有很大差异甚至完全不同的情况。法国的达索飞机制造公司在二维绘图系统的基础上，推出了三维曲面造型系统 CATIA，标志着计算机辅助设计技术从单纯模仿工程图样的三视图模式中解放出来，首次实现了以计算机完整描述产品零件的主要信息。

曲面造型系统带来的技术革新，使汽车开发手段比旧的模式有了质的飞跃，新车型开发速度也大幅度提高，许多车型的开发周期由原来的六年缩短到三年。CAD 技术给使用者带来了巨大的好处及颇丰的收益，汽车工业开始大量采用 CAD 技术。

2. 实体造型技术

20 世纪 70 年代末到 80 年代初，由于计算机技术的迅猛发展，CAE、CAM 技术也开始有了较大发展。SDRC 公司在"星球大战"计划的背景下，在 CAD 技术方面也有了许多开拓；UG 则着重在曲面技术的基础上发展 CAM 技术，用以满足麦道飞机零部件的加工需求；CV 和 CALMA 则将主要精力都放在 CAD 市场份额的争夺上。

但是新技术的发展往往是曲折和不平衡的。实体造型技术既带来了算法的改进和未来发展的希望，也带来了数据计算量的极度膨胀。在当时的硬件条件下，实体造型的计算及显示速度很慢，在实际应用中做设计显得比较勉强。由于以实体模型为前提的 CAE 本来就属于较高层次技术，普及面较窄，反响还不强烈；另外，在算法和系统效率的矛盾面前，许多赞成实体造型技术的公司并没有大力去开发它，而是转去攻克相对容易实现的表面模型技术。各公司的技术取向再度分道扬镳。实体造型技术也因此没能迅速在整个行业全面推广开。

3. 参数化技术

如果说在此之前的造型技术都属于无约束自由造型的话，进入 20 世纪 80 年代中期，有人提出了一种比无约束自由造型更新颖、更好的算法——参数化实体造型方法。这个时期，计算机技术迅猛发展，硬件成本大幅度下降，CAD 技术的硬件平台成本从二十几万美元降到只需几万美元。一个更加广阔的 CAD 市场完全展开，很多中小型企业也开始有能力使用 CAD 技术。进入 20 世纪 90 年代，参数化技术逐渐成熟，充分体现出其在许多通用件、零部件设计上存在的简便易行的优势。可以认为，参数化技术的应用主导了 CAD 发展史上的第三次技术革命。

CAD 技术基础理论的每次重大进展，无一不带动了 CAD/CAM/CAE 整体技术的提高以及制造手段的更新。技术发展，永无止境。没有一种技术是常青树，CAD 技术一直处于不断的发展与探索之中。正是这种此消彼长的互动与交替，造就了今天 CAD 技术的兴旺与繁荣，促进了工业的高速发展。

1.2.3 基于 UG NX 的产品设计过程

基于 UG NX 软件可完成产品的创意设计、数字样机设计与虚拟装配，产品加工可完成手工编程，也可利用增材制造手段快速制造产品原型，从而对新品进行全方位的评估和预判，为量产做好准备。

产品设计不仅是三维数字模型设计，还包括产品的工艺设计和生产管理。产品设计的一般过程分为两大部分：准备工作和设计工作。

1. 准备工作

1）了解设计目标和设计资源。

2）搜索可以使用的设计数据。

3）定义关键参数和结构草图。

4）了解产品的装配结构。

5）编写设计说明书。

6）保存相关的设计数据和设计说明书。

2. 设计工作

1）建立主要的产品装配结构。使用自上而下的设计方法，建立产品装配结构。如果一些原有的设计可用于现在的设计操作，则将其纳入产品装配树中。

2）定义产品设计的主要控制参数和主要设计结构。这些模型数据将被用于以后的零部件设计，同时用于最终产品的控制和修改。

3）将以上参数引入相关下属零部件的设计文件中。

4）对不同的子部件和零件进行细节设计。

5）在零件设计过程中，检查各零部件，并在需要时做适当修改。

综上所述，产品设计流程如图 1-9 所示。

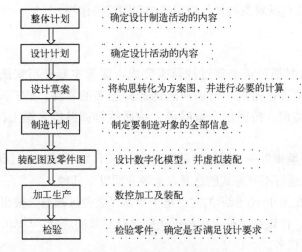

图 1-9　产品设计流程

1.2.4　三维模型设计方法

1. UG NX 建模模式

UG NX 建模将传统的显式几何建模和基于约束的草图及参数化特征建模无缝地集合为一体，形成了复合建模功能。UG NX 建模模式主要如下。

1）显式建模：显式建模是非参数化建模，对象是相对于模型空间而不是相对于彼此建立的。对一个或多个对象所做的改变不影响其他对象或最终模型。

2）参数化建模：一个参数化模型为了进一步编辑，将用于模型定义的参数值随模型存储。参数可以彼此引用，以建立模型各个特征间的关系。例如，设计者的意图可以是孔的深度总是等于凸台的高度。

3）基于约束的建模：模型的几何体是由作用到定义模型几何体的一组设计规则（称之为约束）来驱动或求解的。这些约束可以是尺寸约束（如草图尺寸或定位尺寸）或几何约束（如平行或相切）。设计者的意图使设计改变时仍保持约束，如相切、正交等。

2. UG NX 建模步骤

1）建立一个新的 UG NX 部件文件或打开一个已存在的部件文件。

2）选择一个应用：选择"应用模块"→"建模"/"装配"…命令。

3）检查/预设置参数：选择"首选项"→"对象"/"建模"/"草图"…命令。

4）建立少数关键设计变量：选择"工具"→"表达式"…命令。

5）建立对象：选择"主页"→"直接草图"/"特征"…命令。

6）分析对象：选择"分析"→"测量"/"曲线分析"…命令。

7）修改对象：选择"编辑"→"特征"…命令。

8）保存 UG NX 部件文件：选择"文件"→"保存"命令。

1.3 UG NX 常用操作

UG NX 的常用操作包括对象操作、视图操作和图层操作等。

1.3.1 对象操作

UG NX 选择对象时通过类选择过滤器来完成，通常主要是用来选择绘图过程中的一些几何体。通过对其类型进行指定，可以快速地选择想要的零件。UG NX 软件类型选择过滤器的种类有按几何的类别、按图层、按颜色、按属性等；熟练掌握 UG NX 过滤器可以提高绘图效率。

选择"菜单"→"编辑"→"对象显示"选项，打开"类选择"对话框，如图 1-10 所示。通过该对话框可对对象进行不同方式的选择，主要介绍以下几种。

1）类型过滤器：在图 1-10 所示的对话框中单击"类型过滤器"按钮，弹出图 1-11 所示的"按类型选择"对话框。在该对话框中可根据类别进行对象的选择，例如，选择草图、基准等。这种方法在实际中应用较多。

2）图层过滤器：在图 1-10 所示的对话框中，单击"图层过滤器"按钮，弹出图 1-12 所示的"按图层选择"对话框。通过该对话框可以设置是否选择对象所在的层。

图 1-10 "类选择"对话框   图 1-11 "按类型选择"对话框   图 1-12 "按图层选择"对话框

3）颜色过滤器：颜色过滤器是用来改变选取对象颜色的。

1.3.2 视图操作

在设计过程中，经常需要从不同的视点观察设计的三维模型。设计者从指定的视点沿着某个特定的方向所看到的平面图就是视图。对视图的操作主要通过"视图"工具栏上的命令实现。视图的方向取决于当前的绝对坐标系，与工作坐标系无关。对视图的各种操作，都不会影响到模型的参数。

在 UG NX 中，每一个视图都有一个名称，即视图名。系统自定义的视图称为标准视图。标准视图主要有"正三轴测图""正等测图""前视图""俯视图""仰视图""左视图""右视图"和"后视图"。工具栏上的按钮如图 1-13 所示。

三维模型外观的显示方式（模型渲染样式）有多种，下拉菜单及具体含义如图 1-14 和图 1-15 所示。

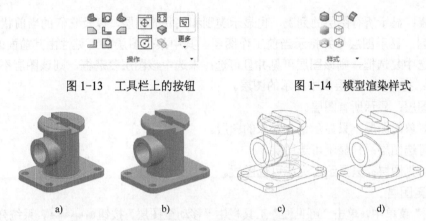

图 1-13　工具栏上的按钮　　　　图 1-14　模型渲染样式

图 1-15　不同形式的外观模型显示

a) 带边着色　b) 着色　c) 淡化边的线框　d) 隐藏边的线框

视图操作主要是指利用"视图"工具栏上的命令对视图进行变换，如旋转、缩放、移动和刷新等。

1.3.3　图层操作

在 UG NX 软件中，为了方便管理图形对象，设置了 256 个图层，每个图层上放置不同属性的内容，例如，草图、曲线、基准、特征等，而且可以把各个图层设置为显示或隐藏。在每个组件的所有图层中，只能将一个图层设置为工作层，所有的工作只能在工作层上进行。其他图层可设置为对工作层可见或可选择等来辅助建模工作。

UG NX 系统推荐常用图层放置内容见表 1-1。

表 1-1　UG NX 系统推荐常用图层放置内容

层	对象	类别名
1～20	实体几何（Solid Geometry）	SOLIDS
21～40	草图（Sketch Geometry）	SKETCHES
41～60	曲线（Developed Curves）	3DCURVE
61～80	参考几何（Reference Geometry）	DATUMS
81～100	钣金实体（Sheet Bodies）	SHEETS

1. 图层设置

在"视图"菜单中，单击"可见性"工具栏中"图层设置"按钮 图层设置，弹出"图层设置"

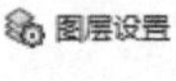

对话框，如图 1-16 所示。

利用该对话框，可以对部件中的图层进行工作图层的设置或将图层设置为可见或不可见，可以进行图层信息查询，也可以对图层所属的种类进行编辑操作。

1）工作层：将指定的一个图层设置为工作层。可以输入 1～256 的数字以更改工作图层。

2）图层：用于输入范围或图层种类的名称。可以输入一个数字范围（如 1～22）或输入类别名称，还可以单击某一图层，然后按住〈Shift〉键并单击范围内要选择的最后一个图层，从而选择一系列图层。

- 图层表：显示所有图层的列表，也显示类别和关联的图层，以及它们的当前状态。
- 名称列：显示图层号并指示当前工作图层。其中某个图层的可见性由其前面的复选框决定，选中复选框，则该图层可见并且可选；未选中该图层复选框，则该图层不可见。

3）显示：控制要在图层表中显示的图层。

- 所有图层：显示所有图层。
- 含有对象的图层：只显示包含对象的图层。
- 所有可选图层：只显示可选图层。
- 所有可见图层：只显示可见或可选图层。

2. 移动至图层

在"视图"菜单中，单击"可见性"工具栏中"移动至图层"按钮 移动至图层，系统弹出图 1-17 所示的"类选择"对话框。利用该对话框选取需移动对象的图层，弹出"图层移动"对话框，输入目标图层即可。"移动至图层"命令可将选定的对象从一个图层移动到指定的图层，原图层中不再包含选定的对象。

图 1-16 "图层设置"对话框

图 1-17 "类选择"对话框

1.4 坐标系

坐标系是构建三维模型的基础，也是进行视图变换和几何变换的基础，通常的变换都是与坐标系相关的。在 UG NX 中，坐标系是笛卡儿坐标系统，遵守右手准则，由原点、X 轴、Y 轴、Z 轴组成。UG NX 建模环境常用两种坐标系：绝对坐标系、工作坐标系。

1．绝对坐标系（Absolute Coordinate System，ACS）

绝对坐标系是系统默认的坐标系。其原点位置和各坐标轴线的方向永远保持不变，是固定坐标系，用 X、Y、Z 表示。绝对坐标系是模型空间中的概念性位置和方向，将绝对坐标系视为 X=0，Y=0，Z=0，它是不可见的，且不能移动。绝对坐标系可以用来完成以下两项内容。

1）定义模型空间中的一个固定点和方向。

2）将不同对象之间的位置和方向关联。

2．工作坐标系（Work Coordinate System，WCS）

工作坐标系是系统提供给用户的坐标系，也是经常使用的坐标系。用户可以根据需要任意移动或选择，也可以设置属于自己的工作坐标系。工作坐标系用 XC、YC、ZC 表示。绝对坐标系是基准，工作坐标系都是通过绝对坐标系变化而来的，所以就有坐标变换之说。在默认的情况下，绝对坐标系与工作坐标系是重合的。工作坐标系是建模时零部件或者全局的参考坐标系，它仅有一个，不能被删除，但可以任意旋转、移动。

选择"菜单"→"格式"→"WCS"→"定向"选项，弹出图 1-18 所示的"坐标系"对话框。工作坐标系的构建方法有很多种，下面介绍几种常用的方法。

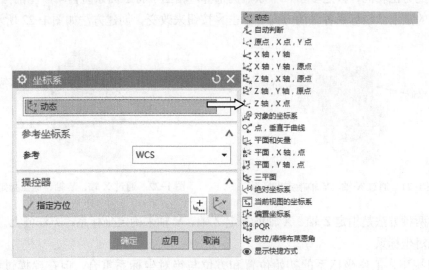

图 1-18　工作坐标系的构建

（1）动态

选择该选项后，当前坐标系被激活，可以手动拖动坐标系上原点位置的小球，将 WCS 移动到任何想要的位置或方位，如图 1-19 所示。

（2）原点、X 点、Y 点

先选择一个点作为坐标系的原点，然后在模型的棱边上端点或其他位置选择 X 点和 Y 点，所构成的两条直线即为 X 轴和 Y 轴。X 轴是原点到 X 点的矢量；Y 轴是原点到 Y 点的矢量，Y 轴与 X 轴垂直，Z 轴按照右手原则建立，如图 1-20 所示。

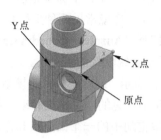

图 1-19　WCS 的动态移动　　　图 1-20　原点、X 点、Y 点指定坐标系

（3）X 轴、Y 轴

该方法只需要选择 X 轴和 Y 轴就可以了，系统会自动判断原点。首先选择模型上的一条棱线，系统自动产生一个方向作为 X 方向，然后选择另外一条棱线作为 Y 方向。该操作只是规定了 X 轴和 Y 轴的正方向，单击⊠按钮可改变其方向。Y 轴要垂直于 X 轴。当产生的 X 轴与 Y 轴不能相交时就会产生错误。Z 轴按照右手原则建立。创建方法如图 1-21 所示。

（4）X 轴、Y 轴、原点

与上面的方法相同，只是多了一个原点的选择，相当于将上面系统自动产生的坐标系的原点移动到指定的点上。坐标系各轴的方向可单击⊠按钮来改变。创建方法如图 1-22 所示。

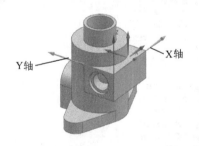
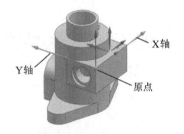

图 1-21　通过 X 轴、Y 轴指定坐标系　　　图 1-22　通过 X 轴、Y 轴、原点指定坐标系

另外的两种方法是指定 Z 轴、X 轴或指定 Z 轴、Y 轴来确定坐标系，方法同上。

（5）绝对坐标系

一般情况下，工作坐标系的初始位置和方位与绝对坐标系重合。但在建模过程中，工作坐标系可能要根据需要进行移动和转动。若要使工作坐标系恢复原来的位置和方位，可选择"菜单"→"格式"→"WCS"→"定向"选项，弹出图 1-23 所示的"坐标系"对话框。在"类型"下拉列表框中选择"绝对坐标系"，单击"确定"按钮，工作坐标系则恢复到原来的位置，与绝对坐标系完全重合，如图 1-24 所示。

图 1-23 "坐标系"对话框   图 1-24 坐标系定向类型

1.5 UG NX 软件的定制

UG NX 软件应用环境的定制内容包括环境变量文件、用户默认设置、模板文件、用户角色等,每个内容的定制都需要经过反复的过程,直到满足行业要求或符合工程师的习惯。

1.5.1 语言定制

可以用系统环境变量 UGII_LANG 和 UGII_LANGUAGE_FILE 来控制语言界面。

在计算机"控制面板"→"系统"→"高级"→"环境变量"→"系统变量"下找到变量 UGII_LANG,然后选择"编辑",设定值为 simple_chinese,即简体中文界面。以下是 UGII_LANG 为不同值时对应的语言界面。

UGII_LANG=simple_chinese 简体中文菜单界面

UGII_LANG=english 英文菜单界面

UGII_LANG=french 法语菜单界面

UGII_LANG=german 德语菜单界面

UGII_LANG=japanese 日文菜单界面

UGII_LANG=italian 意大利语菜单界面

UGII_LANG=russian 俄语菜单界面

UGII_LANG=korean 韩文菜单界面

系统默认 UGII_LANG=english。

1.5.2 用户默认设置

UG NX 的用户默认环境包含了 UG NX 软件运行时系统所采用的默认参数。选择"文件"→"实用工具"→"用户默认设置"选项,进入"用户默认设置"对话框,如图 1-25 所示。

用户环境的默认设置反映了业界最佳的实践经验。用户无须逐个检查修改,需要时做局部修改即可。用户默认环境主要设置的内容包括基本环境设置、建模设置、草图设置、装配设置和制图设置。对于我国用户来说主要修改制图标准即可。但是,修改后必须重启 UG NX 方可生效。

图 1-25 "用户默认设置"对话框

1．基本环境变量

利用"文件新建"选项卡，设置有关 UG NX 文件命名规则，如前缀/后缀、分隔符、命名关键字等，如图 1-26 所示。图 1-27 所示为指定部件文件目录，图 1-28 所示为指定部件默认单位。

图 1-26 部件命名设置

图 1-27 指定部件文件目录

图 1-28 指定部件默认单位

2. 建模

"用户默认设置"对话框特征参数的设置如图 1-29 所示,可设置长方体、圆柱等基本特征的默认值以及其他设计特征，如孔、凸台、槽的默认值。

图 1-29　特征参数的设置

3. 草图

绘制草图时，自动标注尺寸会带来很多的尺寸标注，有的人看着觉得很不舒服，认为影响绘图的进度和绘图的美观，在处理复杂草图时也会带来很多不便。通过下面的设置可使绘制草图时不再自动标注某些尺寸。如图 1-30 所示，在"尺寸"选项卡中取消"在设计应用程序中连续自动标注尺寸（原有）"的选择，其中，"（原有）"是指在 UG NX 1847 暂时保留，但是以后会逐步取消的选项。

图 1-30　草图永久不自动标注尺寸设置

1.5.3　定制模板

UG NX 系统模板包含预先设置的参数和数据对象。利用某一个模板建立的部件，将继承该模板所有的设置。

图 1-31 所示的"新建"对话框中，包含了系统已经设置好的各种模板："模型""图纸""仿真"和"加工"等。UG NX 基于各模板的用户默认设置，在新建文件时，创建一个默认的名称和位置。如果不想使用默认的名称和位置，可在开始工作前或保存时改变它们。

图 1-31　新建部件时模板的选择

1. 模板文件的创建

大多数情况下，用户使用到的模板文件包括三维建模模板（包括零件和装配模板）、零件制图模板和 CAE 模板等。

创建模板文件时，应包含以下几种文件类型：

- *.prt：模板文件。
- *.pax：资源文件，用于注册模板文件。
- *.jpg：预览图片。

模板文件创建步骤如下：

1）在…ugii\templates 目录里新建或打开现有的一个模板文件，另存为一个新的模板并重新命名。

2）在相应的 PAX 文件中登记该模板文件，包括模板名称、描述、预览图片、零件文件路径等。

3）启动 UG NX 并打开新建的模板文件，根据需要定义层/属性以及在"首选项"里设定参数并存盘。

2. 资源板文件的编辑（PAX）

PAX 文件是用 XML 编写的，用来标记每一个部件模板的文本文件。添加新模板时，必须在资源板（PAX）文件中进行定义。

资源板（PAX）文件位于 UG NX 安装路径…\UG NX\LOCALIZATION\prc\ simple_chinese\

startup\ugs_model_templates_simple_chinese.pax 下，编辑 PAX 资源板文件时，要确保对该文件有写权限，并将该资源板文件进行备份，然后在该资源板文件中做相关内容的修改并保存。

PAX 文件由一系列面板条目组成，每一条目都含有描述标准数据集和一个 XML 特定应用区。可用计算机中的记事本打开 ugs_model_templates_simple_chinese.pax 文件。

（1）基础

面板的基础是一个面板的 XML 节点。下面显示的是一个空的面板文件，如果有面板条目，应插在</Palette>前面（用******表示）。

```
<?xml version="1.0" encoding="UTF-8"?>
<Palettexmlns="http://www.ugsolutions.com/Schemas/2001/UGPalettes"schemaV
ersion ="1.0">
******
</Palette>
```

（2）面板条目

面板条目中的陈述节点表示现有模板的信息，包括显示在资源条上的图像、窗口中的标题和工具提示文本、表达对整个面板连接的 URI 信息等。

下面是面板条目的单个条目：

```
<PaletteEntry id="d2">
  <References/>
  <Presentation name="模型" description="带基准 CSYS 的 UG NX 示例">
     <PreviewImage type="UGPart" location="model_template.jpg"/>
  </Presentation>
  <ObjectData class="ModelTemplate">
     <Filename>model-plain-1-mm-template.prt</Filename>
  <Units>Metric</Units>
  </ObjectData>
</PaletteEntry>
```

其中，PaletteEntry id="d2"，"d2"是面板条目唯一的标识，不同的条目标识号不同。Presentation name 描述条目的名称，PreviewImage…location 表示模板图像文件（.jpg）的路径，两个 Filename 之间为 UG NX 模板文件（.prt）。Units 表示模板所用的单位。

对于一个模型模板的单个记录，" "之间的斜体文字是需要修改的。

```
<PaletteEntry id="d1">
  <References/>
  <Presentation name="模型" description="带基准 CSYS 的 UG NX 示例">
     <PreviewImage type="UGPart" location="model_template.jpg"/>
  </Presentation>
  <ObjectData class="ModelTemplate">
     <Filename>model-plain-1-inch-template.prt</Filename>
  <Units>English</Units>
  </ObjectData>
</PaletteEntry>
```

同样，对于一个图纸模板的单个记录，" "之间的斜体文字也是需要修改的。

```
<PaletteEntry id="d3">
  <References/>
```

```
<Presentation name="A0 - 无视图" description="A0 无视图">
    <PreviewImage type="UGPart" location="drawing_noviews_template.jpg"/>
</Presentation>
<ObjectData class="DrawingTemplate">
    <TemplateFileType>none</TemplateFileType>
    <Filename>A0-noviews-template.prt</Filename>
    <Units>Metric</Units>
    <UsesMasterModel>Yes</UsesMasterModel>
</ObjectData>
</PaletteEntry>
```

三维建模的模板进行定制的主要内容包括绝对坐标系的设置、图层的设置和定义、文件属性的设置和定义、首选项参数设定等。

应用案例 1-1

本案例演示如何建立和编辑建模模板，操作步骤如下。

1）启动 UG NX，绘图区背景为灰色，如图 1-32 所示。

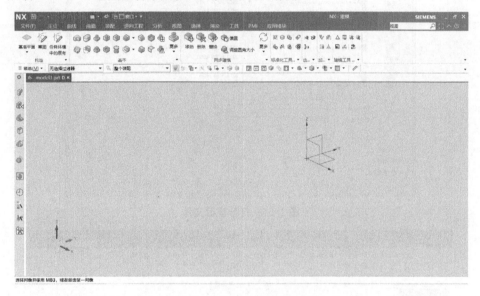

图 1-32　新建建模文件

2）如果要更改背景，可以选择"文件"→"首选项"→"场景"选项来设置。选择"着色视图"类型为"纯色"，如图 1-33 所示。然后单击下方颜色图框，在弹出的对话框中选择白色，单击"OK"按钮。如图 1-34 所示。

3）通过上述方法所更改的模板，当再次新建文件时背景还是灰色。如想永久改变其背景，需要对 UG NX 模板文件进行更改才行。要打开的模板文件路径为...UG NX \LOCALIZATION\prc\simple_chinese\startup\model-plain-1-mm-template.prt，如图 1-35 所示。

4）按照步骤 2）的方法，修改背景为白色，然后保存，退出。

5）再次启动 UG NX 软件后，绘图背景即为白色了。如图 1-36 所示。

图 1-33　场景首选项

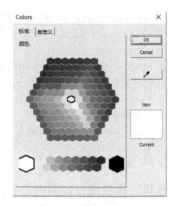

图 1-34　背景颜色选择

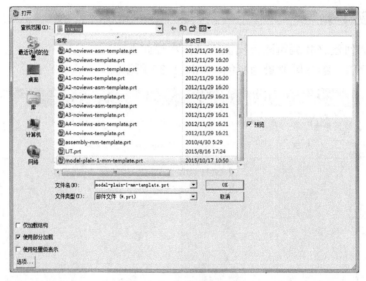

图 1-35　打开模板文件

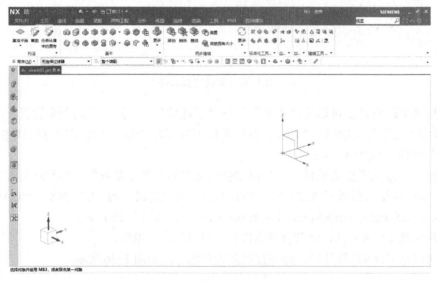

图 1-36　修改模板文件后新建的文件

1.5.4 定制角色

角色（Role）按作业功能定制用户界面，用于保存 UG NX 界面的工具栏和菜单状态。用户可以通过角色切换来选用符合自己使用习惯的工具栏布局和菜单状态的界面。

UG NX 软件根据用户的经验水平、行业或者公司标准提供了一种先进的界面控制方式——角色。使用角色可以简化 UG NX 的用户界面，因此该界面可以仅保留用户当前任务所需的命令。

在第一次启动 UG NX 时，系统默认使用的角色为"基本功能"角色。基本功能的角色包括了一些常用命令，适合新手或临时用户。

1. 角色包括的内容

1）定制的工具栏和菜单。

2）工具栏和菜单的位置。

2. 系统默认角色的含义及选择

UG NX 系统默认角色含义见表 1-2。

表 1-2　UG NX 系统默认角色含义

系统默认角色	用户级别	描　述
基本功能	大多数用户，新用户、不经常用 UG NX 的用户	此功能提供了完成简单任务所需的所有工具。工具栏中显示有说明，工具栏和菜单都具有简化的内容
高级	需要其他工具并已认识大多数 UG NX 工具栏按钮的用户	此功能提供了一组更广泛的工具，以便支持简单的和高级的任务。要启用对其他工具的显示，可显示仅带有按钮的工具栏
CAM 基本功能	大多数用户，新用户、不经常用 UG NX 的用户	显示完成基本任务所需的一套精简命令
CAM 高级功能	需要其他工具并已认识大多数 UG NX 工具栏按钮的用户	支持与 Solid Edge 文件合并。功能区显示与高级角色相同的一套命令

3. 系统默认角色加载

在"角色"面板中列出了系统默认的角色，选择其中的模板即可加载不同的角色。如果先前打开过 UG NX，那么 UG NX 当前使用的角色为上一次使用的角色。

4. 按自己的需要定制角色

按需定制角色的操作步骤如下。

1）单击选择最接近需要的角色。

2）在最常用的应用模块中定制工具栏、菜单项和对话框。

3）单击资源条上的"角色"选项卡。

4）右击角色资源板中的背景并选择"新建用户"角色。

5）在"角色属性"对话框的"名称"文本框中，输入新角色的名称。

6）在"应用模块"选项组中，不选中"不想保留定制的应用模块"复选框。

7）向角色添加描述（可选）。

8）添加一个图像，该图像与角色名称一起显示在角色资源板中。单击"浏览"按钮并选择一个图像，支持 BMP 和 JPEG 文件（可选）。

应用案例 1-2

本案例演示如何创建和加载角色，操作步骤如下。

1）启动 UG NX，选择"文件"→"首选项"→"用户界面"选项，在"用户界面首选项"

对话框中，选择左窗格中的"角色"，如图 1-37 所示。

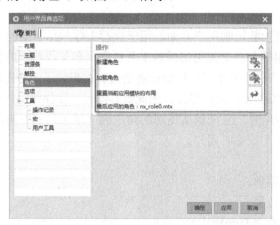

图 1-37　新建角色

2）单击"新建角色"按钮 ，弹出图 1-38 所示的"新建角色文件"对话框，选择路径及文件名，单击"OK"按钮。弹出图 1-39 所示的"角色属性"对话框，输入角色名称、位图，并选择该角色的应用模块，单击"确定"按钮。

3）单击图 1-37 所示对话框中的"确定"按钮，关闭"用户界面首选项"对话框。至此，用户当前界面，包括工具栏、菜单等样式就保持在角色文件中了。

4）如果需要，单击图 1-37 所示"用户界面首选项"对话框中"加载角色"按钮 ，即可把已经创建的角色文件加载进来。

图 1-38　"新建角色文件"对话框

图 1-39　"角色属性"对话框

1.6　UG NX 标准件库的定制

UG NX 软件有 3 个模具设计模块，分别是 Mold Wizard（注射模设计向导）、Die Design（冲压模具设计向导）和 Progressive Die Wizard（PDW 级进模设计向导），它们都有各自的标准件库。但在实际应用中，部分标准件不是经常会选用的，而且很多标准件的形状总是跟实际使用的有些差别，需要改动。另外，部分标准件定义的参数太多、太复杂，一般需要多次调整数据才行，不方便调用。因此，为了更好地使用 Mold Wizard、PDW 进行快速模具设计，就需要做好开发定制工作。下面以 Mold Wizard 为例说明标准件的定制方法及流程。

1. 标准件库的系统结构

UG NX Mold Wizard 模块标准件库的系统结构包括三部分：模型驱动参数数据库、参数化模型和标准件预览图片。标准件库是在 Mold Wizard 模块上建立的，所以标准件库的系统结构必须符合 Mold Wizard 模块的文件结构规则。

2. UG NX Mold Wizard 模块标准件库

1）启动 UG NX 软件，新建一个文件，进入建模环境。在"应用模块"菜单中单击按钮 ，进入注射模向导环境。

2）单击"主要"工具栏中"标准件"按钮 ，导航器进入"重用库"页面中。选择"MW_Standard_Part_Library"→"DME_MM"→"Ejection"选项，在导航器"成员选择"中选择"Ejector Pin[Straight]"选项，系统弹出"标准件管理"对话框，同时出现顶杆位图，如图 1-40 所示。

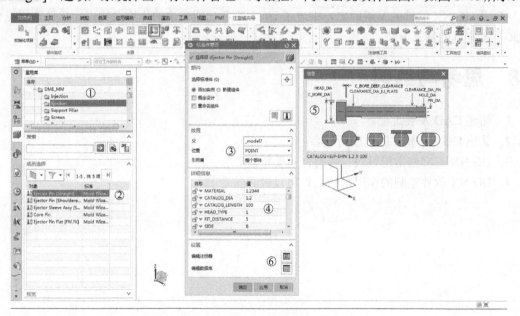

图 1-40　UG NX Mold Wizard 模块标准件库

"重用库"的标准件目录实质上是不同的标准件供应商名称，例如，DME（美制）、HASCO（德国公制）、LKM（龙记公制）、MISUMI（米思米公制）等。在这里，供应商名称相当于文件夹，里面包含各种标准件分类，如定位圈、顶杆等，如图 1-40 中①所示。

"成员选择"显示的是某一种标准件的具体形式，如直型顶杆、带肩顶杆等，如图 1-40 中②所示。

3）标准件的定位方式。在"标准件管理"对话框的"放置"选项组中设置父、位置等参数，如图 1-40 中③所示。

4）标准件详细结构的具体尺寸。根据实际要求，在"详细信息"选项组中进行设置，如图 1-40 中④所示。

5）标准件位图。在打开的"信息"对话框中进行设置，如图 1-40 中⑤所示。

6）编辑注册器和编辑数据库。在"标准件管理"对话框的"设置"选项组中选择"编辑注册器"和"编辑数据库"按钮即可，如图 1-40 中⑥所示。

3．模具标准件开发流程

1）注册企业的 UG NX 标准件开发项目到标准件库中。

2）建立企业的标准件注册电子表格文件。

3）建立标准件的驱动数据库和 BMP 预览图片。

4）建立标准件的参数化模型。

1.7　本章小结

现代设计方法需要有强有力的软件平台作为支撑，UG NX 软件经过几十年的发展，在建模方法和理念上取得了长足的进步，为用户搭建了先进的设计、分析和制造的平台。本章着重叙述了 CAD 及 UG NX 软件的发展历史，讲述了 UG NX 各功能模块的作用及特点、软件常用操作以及 UG NX 定制的基本方法。

1.8　思考与练习

1．简述 CAD 发展过程。

2．简述 UG NX 软件的发展历程。

3．UG NX 有哪些常用模块？各有何主要特点？

4．UG NX 软件定制的作用是什么？可以做哪些定制？

第2章 建模基础

建模也称为造型（Solid Modeling），是指以计算机识别的方式来描述物体或物体与物体之间的空间关系，包括物体形状、大小、颜色等。UG NX CAD 建模功能可帮助工程师以人机交互模式生成和编辑复杂的三维实体模型，进行产品的概念设计和详细设计。该三维模型可应用于后续环节，包括工程图、装配、模具设计、运动仿真和有限元分析等。

学习目标

☐ 掌握草图绘制的基本技巧
☐ 掌握实体建模的概念及方法
☐ 掌握曲面建模方法
☐ 掌握同步建模方法

2.1 草图

利用 UG NX 软件构建三维模型或进行曲面建模时，往往需要用到草图作为实体建模时拉伸、旋转等特征的横截面轮廓，或者作为曲面建模中的截面曲线、引导线等。草图需在二维平面上完成，用户首先按照自己的设计意图，快速绘制出零件的大致二维轮廓，然后利用草图的尺寸约束和几何约束功能精确确定二维轮廓曲线的尺寸、形状和它们之间的相互位置。

2.1.1 草图概述

草图是一组轮廓曲线的集合，是一种二维成形特征，用于拉伸或旋转特征。轮廓可以是封闭的或开放的，分别形成实体特征或片体。草图与由它创建的特征是关联的，改变草图尺寸或几何约束会引起模型相应的改变。草图具有全参数化的特点，是参数化建模的重要依据。草图应用实例如图 2-1 所示。

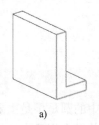  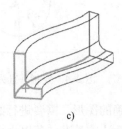 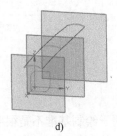

a)　　　　　　b)　　　　　　c)　　　　　　d)

图 2-1　草图应用实例

a) 草图拉伸　b) 草图旋转　c) 草图扫描　d) 草图构建曲面

1. 创建草图的一般过程

在创建二维草图时，首先必须确定草图平面。检查和修改草图参数设置后，可快速手绘出大概的草图形状或将外部几何对象添加到草图中，按照要求对草图先进行几何约束，然后添加尽可能少的尺寸。

（1）确定草图绘制基准

在有圆、圆弧或椭圆的图中，绘制基准可选主要圆的圆心，如图 2-2 所示；如果图形是对称的，则选择圆心连线和对称线交点，如图 2-3 所示；对于复杂的图形，找到测量基准（即尺寸标注的起始位置），将该点或两条线的交点作为基准，如图 2-4 所示。

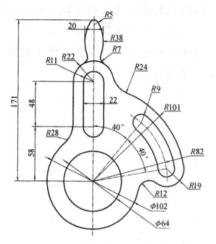

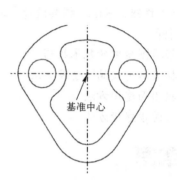

图 2-2　绘制基准为主要圆的圆心　　　　图 2-3　绘制基准为对称线交点

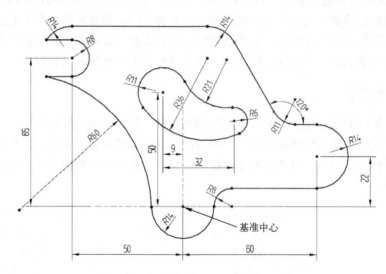

图 2-4　绘制基准为尺寸标注起始点

对于绘制基准不是很明确的图形，需要进行综合分析。首先分析图形中的圆是不是主要的轮廓线，其次确定是不是尺寸标注的基准。若以上情况都不明确，则以图形的某个拐角点（如左下方）作为参考基准中心。

（2）图形分析

确定绘制基准后，接下来要分析图形的结构。分析图形是否是对称结构、阵列结构。对于对称结构，利用草图环境中的"镜像"命令，先绘制对称中心线一侧的图形，再镜像出另一侧的图形；对于阵列结构，判断是线性阵列还是圆形阵列，绘制图形中有明确尺寸的图形单元，通过阵列完成其余的图形。如图 2-5 所示，图中六边形和椭圆可利用阵列完成。图 2-6 所示的图中有上下对称结构。

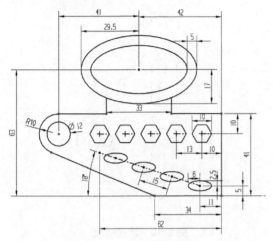

图 2-5　图形分析：六边形和椭圆可利用阵列完成

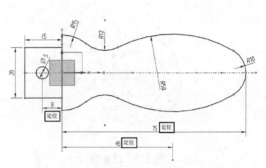

图 2-6　图形分析：有上下对称结构

（3）绘制轮廓

图形绘制要先作主要的部分，即图形轮廓的主要定形，然后综合利用轮廓曲线、圆、圆弧等命令绘制其大致轮廓，再用约束命令约束位置和尺寸标注。

二维几何图形基本上是由圆、圆弧、直线和连接线段构成的。找到绘制的基准中心以后，图形的绘制以主要线段→过渡线段→连接线段的顺序进行。以图 2-7 所示的图形为例，说明哪些线段为主要线段，哪些为过渡线段和连接线段。

1）主要线段：在图形中起到定形和定位作用的线段为主要线段，而且定形尺寸和定位尺寸齐全，如图 2-8 所示。

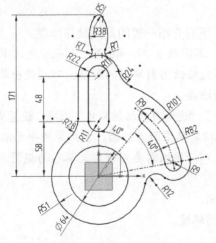

图 2-7　二维几何图形

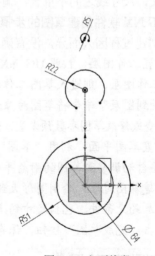

图 2-8　主要线段

2）过渡线段：主要起到定位作用，定形尺寸齐全，定位尺寸只有一个，另一个定位由相邻的已知线段来确定，如图 2-9 所示。

3）连接线段：起连接已知线段和中间线段的作用，只有定形尺寸，无定位尺寸，如图 2-10 所示。

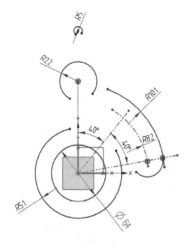

图 2-9　过渡线段

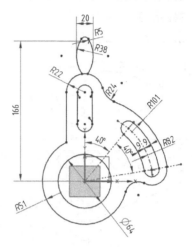

图 2-10　连接线段

（4）添加约束

要把草图上的元素表达完整有两个条件：形状和位置。其中形状确定图形的形状，例如，两条线相交、平行或垂直，圆和线相切等；位置确定图形在图纸上的位置，例如，圆心绘制基准是 X 和 Y 方向的距离，通过这两个尺寸，就能确定圆心的位置。

在 UG NX 的草图编辑中这样的定形过程和定位过程就称为约束，通过几何约束使图形定形，通过尺寸约束标注尺寸，共同结合完成图形精确信息的表达。

（5）图形细节编辑

图形绘制完毕后，需要做一些细节的调整。例如，倒角，尺寸的位置、字体大小，尺寸线不与轮廓交叉，尺寸线之间不重叠，调整尺寸文本位置和图形在绘图区域的大小，使其美观整洁。

2．UG NX 软件创建草图的步骤

草图创建过程因人而异，没有确定的模式，下面介绍一般的草图操作步骤。

1）设置工作图层，按照 UG NX 软件推荐，草图放在 21～40 层。如果在进入草图工作界面前未设置工作图层，则进入草图工作环境后，不能修改当前草图的图层。可在退出草图界面后，通过"移动到图层"命令将草图对象移到指定的图层。

2）检查或修改草图参数预设置，如是否选择了"连续自动标注尺寸"选项，设置文本高度等。

3）设置草图平面。利用"草图"对话框，指定草图附着平面。指定草图平面后，一般情况下，系统将自动调整到草图的附着平面，用户也可以根据需要重新定义草图的视图方向。

4）创建草图对象，绘制图形大致轮廓。

5）添加约束条件，包括尺寸约束和几何约束。

6）单击"完成草图"按钮，保存，退出草图环境。

2.1.2　草图平面设置

一般情况下，从零开始建模时，第一张草图的平面选择参考坐标系的某一个平面，然后拉伸或旋转建立毛坯，第二个草图的平面选择实体表面或其他坐标面。从已有实体上建立草图时，安放草图的表面为平面，可直接选择实体表面，如果安放实体表面为非平面，可先建立相对基准面，再选择基准面为草图平面。

1. 草图平面的确定

草图平面可选择默认的坐标平面、基准坐标平面或实体平面，如图 2-11 所示。在"主页"菜单下，单击"特征"命令组工具栏中"在任务环境中绘制"按钮 ，弹出图 2-12 所示的"创建草图"对话框。

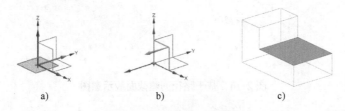

图 2-11　草图平面选择

a) 默认平面　b) 基准坐标平面　c) 实体平面

（1）以平面作为草图平面

"在平面上"是默认选项，用于指定草图平面。可以选择实体的平的表面、工作坐标系平面、基准面或者基准坐标系上的一个平面作为草图平面，如不选择，则系统默认指定"XC-YC"平面作为草图平面，如图 2-11a 所示。

选择参考方向（水平或垂直）。它决定了草图的 X、Y 方向，可以选择实体边缘或基准轴为参考方向。

（2）基于路径创建草图平面

"基于路径"是指选择一条已有的曲线，通过该曲线上某一点的切线的法平面来确定一个平面作为草图的工作平面。选择"基于路径"选项后，如图 2-13 所示，若要为特征（如"变化的扫掠"方式）构建截面轮廓，需要在轨迹的不同位置上创建草图。

图 2-12　"创建草图"对话框

图 2-13　基于路径创建草图平面

当选择了"基于路径"选项后，需要分别设置"路径""平面位置""平面方位"和"草图方向"等参数,设置完毕后在"创建草图"对话框中单击"确定"按钮,即可进行草图的创建。

图 2-14 所示为基于路径创建的截面线,然后沿引导线(此处为路径)进行扫描得到的结果。

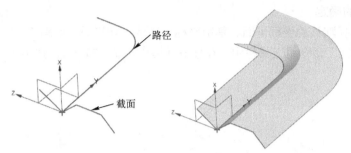

图 2-14 基于路径创建截面线示意图

2. 重新附着草图

当完成草图设计后,发现草图平面选择错误,怎么办?草图重新附着功能可以实现草图附着平面的改变,将在一个平面上建立的草图移到另一个不同方位的基准平面、实体表面或片体表面上。

在草图环境下,右击要编辑的草图特征,在弹出的快捷菜单中选择"可回滚编辑"选项,进入草图环境,单击"草图"工具栏中的"重新附着"按钮 重新附着,系统弹出图 2-15 所示的"重新附着草图"对话框。该对话框上部用于选择附着草图的目标平面、指定新的参考方向和重新确定草图位置的基准对象等。当进入对话框时,当前草图的附着平面、参考方向均以高亮度显示,指定草图重新附着新平面,草图即可重新附着新的平面。其过程如图 2-16 所示。

图 2-15 "重新附着草图"对话框

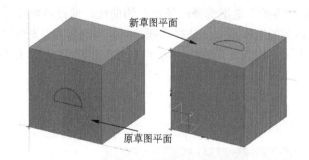

图 2-16 重新附着草图过程

2.1.3 草图常用命令

草图环境下,可绘制点、直线、弧、矩形等图形,这些基本图形相互组合、编辑以满足不同场合下的设计需求。下面介绍几个常用的绘图命令的操作方法。

1. 轮廓

"轮廓"命令可连续绘制直线,或者直线圆弧交替绘制。单击"曲线"命令组工具栏中的"轮廓"按钮 ，弹出图 2-17 所示的"轮廓"对话框,绘制直线时单击"直线"按钮 ，绘制圆弧时单击"圆弧"按钮 ，即可产生圆弧曲线,通过鼠标指针移动形成不同的画线趋势(如向上、向下、向左等),并产生不同的效果。连续绘制图形如图 2-18 所示。

图 2-17 "轮廓"对话框

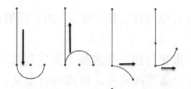

图 2-18 连续绘制直线和圆弧

草图中的"直线"╱、"圆弧"⌒、"圆"○命令，操作过程比较简单，可参考"轮廓"命令。

2. 圆弧

单击"曲线"命令组工具栏中的"圆弧"按钮⌒，弹出图 2-19 所示的"圆弧"对话框。绘制圆弧有两种方法："三点定圆弧"⌒和"中心和端点定圆弧"⌒，如图 2-20 和图 2-21 所示。每种方法端点的捕捉均可以采用"坐标"模式XY输入或"参数"模式凸输入。

图 2-19 "圆弧"对话框

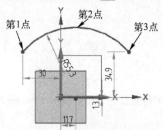

图 2-20 三点定圆弧

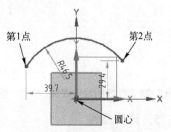

图 2-21 中心和端点定圆弧

3. 偏置曲线

按一定的距离复制一条或多条平行曲线。单击"曲线"命令组工具栏中"偏置曲线"按钮，弹出图 2-22 所示的"偏置曲线"对话框，然后对相关草图曲线进行一定距离和数量的偏置操作。在对话框的"偏置"选项组中"距离"输入"10"，"副本数"输入"1"，偏置后的效果如图 2-23 所示。单击"反向"按钮⊠可以对曲线进行垂直反方向平行复制。选中"对称偏置"选项可对选择的曲线进行垂直正反方向的多重复制。

图 2-22 "偏置曲线"对话框

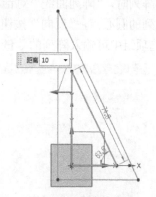

图 2-23 曲线的偏置

偏置曲线产生的曲线（组）相互关联，不能单独移动其中的一条或一组曲线。

4. 派生直线

对于不同的曲线，派生直线可产生不同的结果。单击"曲线"命令组工具栏中"派生直线"按钮╲派生直线，接着单击现有的直线，弹出偏置浮动窗口，可以直接输入数值后按〈Enter〉键确认，也可以移动到大概位置后单击确认，然后调整尺寸，该操作的效果和偏置曲线是一样的。如图 2-24 所示。

任意画两根平行线，再选择"派生直线"命令，选择两根直线即可生成中心线，中心线的起点和所选的第一条直线对齐，终点可自定义。注意生成的该中心线是没有任何约束的，需要添加尺寸约束，如图 2-25 所示。

任意画两根不平行的线，再选择"派生直线"命令，选择两根直线即可生成角平分线，角平分线的起点是两直线的交点，终点可自定义，如图 2-26 所示。注意生成的该角平分线也是没有任何约束的，也需要添加尺寸约束。

值得注意的是，无论是哪种情况，产生的派生直线都与原直线不关联，可以任意改变派生直线的长度和位置。

图 2-24　直线的派生直线　　　　图 2-25　平行直线的派生直线　　　　图 2-26　不平行直线的派生直线

5．阵列曲线

UG NX 软件可对草图曲线进行有规律的多重复制，如矩形阵列或圆周阵列。

单击"曲线"命令组工具栏中"阵列曲线"按钮，弹出图 2-27 所示的"阵列曲线"对话框。在最上方"要阵列的曲线"选项组中单击，选择需要阵列复制的曲线。若阵列的对象是点，则单击 按钮再选择要阵列的点。在"布局"选项中有 3 种阵列方式可选择："线性""圆形"与"常规"。

线性阵列类似于矩形阵列，可沿 X 轴和 Y 轴方向进行矩形阵列复制，也可沿指定的两个方向（可以不垂直）进行多重复制。当取消"使用方向 2"复选框的选择时，可只沿单一方向阵列复制。

选择圆形阵列时，"阵列曲线"对话框如图 2-28 所示。单击"指定点"选项后的 按钮选择或创建圆形阵列的圆心点，"反向"按钮 可以控制圆形阵列是按顺时针或逆时针方向复制，在"斜角方向"选项组中可输入阵列的数量与节距角。

图 2-27　线性"阵列曲线"对话框　　　　图 2-28　圆形"阵列曲线"对话框

6. 镜像曲线

镜像曲线可以将曲线按某一中心线对称复制。

单击"曲线"命令组工具栏中"镜像曲线"按钮，弹出图 2-29 所示的"镜像曲线"对话框。在"要镜像的曲线"选项组单击，选择需要镜像的曲线，或单击按钮选择要镜像的点，然后单击"中心线"选项组，再单击选择某一直线或坐标轴作为镜像中心线，此时动态显示曲线镜像的结果，最后单击"确定"按钮或单击鼠标中键退出镜像曲线命令。镜像操作如图 2-30 所示。

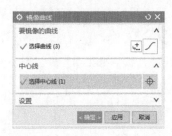

图 2-29　"镜像曲线"对话框

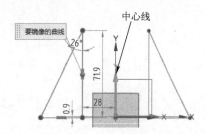

图 2-30　曲线的镜像

7."转换至/自参考对象"命令

"转换至/自参考对象"命令可以将曲线转换成参考线。在 UG NX 中，参考线可作为中心线、对照线等，或将参考线转换成活动曲线不参与成形操作，即用参考线不能作出可以拉伸、旋转等的图形，而活动曲线则可以通过拉伸、旋转等命令使其转换成实体图形。选择该命令后，单击选中要转换成参考线的曲线，再按鼠标中键，就完成了转换过程。对于 UG NX 12 以后的版本，可单击要转换的曲线，在弹出的提示框中单击"转换为参考"按钮，即可完成曲线转换。

2.1.4　草图约束

要把一张图样上的元素信息表达完整有两个条件：形状和位置。其中形状确定图形元素的形状和尺寸，例如，圆的半径、直径，长方形的长、宽，多边形的边长、边数等，如图 2-31 所示的 p27、Rp25。位置确定图形元素在图中的位置，例如，圆心距离 X 轴的距离和圆心距离 Y 轴的距离，通过这两个尺寸，就能确定圆心的位置，如图 2-31 所示的 p21、p24。在 UG NX 的草图编辑中，这样的定形过程和定位过程就称为约束。

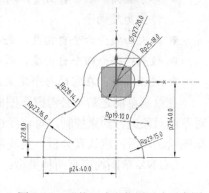

图 2-31　形状尺寸和位置尺寸示意图

草图元素的理想状态是完全约束，也就是每个元素形状和位置都确定，便于实现参数化操作。在实际操作过程中会出现约束不全或过约束。约束不全是指草图中的部分元素没有达到完全约束。对于一些简单的不存在反复修改的模型，约束不全是不会影响模型的。而过约束是指草图中的某些元素被添加了相互重复的约束条件，需要设计者判断移除其中冲突的约束。

UG NX 是一款很人性化的软件，当使用者执行"约束"或"标注尺寸"命令时，可以通过观察草图元素的颜色来判断草图处于哪个约束状态，在默认状态下：

1）当草图元素为蓝色时，表示处于没有约束状态，既没有定形也没有定位。

2）当草图元素为暗红色时，表示处于约束不全状态：只定义了定形或者定位尺寸当中的一部分约束。

3）当草图元素为绿色时，表示处于完全约束状态：既完全定形也完全定位。

4）当草图元素为红色时，表示处于过约束状态：定形或定位约束条件中有重复的约束。

草图元素的颜色与约束状态的对应关系，可在草图环境中，通过"任务"→"首选项"→"草图"命令，在打开的对话框中编辑"部件设置"选项来改变。不过，一般不建议修改，容易引起混淆。

草绘图形中，不同的对象有不同数量的自由度，通过约束控制草图对象的自由度，可以精确控制草图中的对象，如图 2-32 所示。

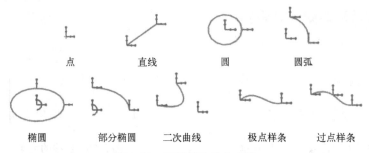

图 2-32　草图对象的自由度

- 点：有两个自由度，即沿 X 和 Y 方向移动。
- 直线：四个自由度，每端两个。
- 圆：三个自由度，圆心两个，半径一个。
- 圆弧：五个自由度，圆心两个，半径一个，起始角度和终止角度两个。
- 椭圆：五个自由度，两个在中心，一个用于方向，主半径和次半径两个。
- 部分椭圆：七个自由度，两个在中心，一个用于方向，主半径和次半径两个，起始角度和终止角度两个。
- 二次曲线：六个自由度，每个端点有两个，锚点有两个。
- 极点样条：四个自由度，每个端点有两个。
- 过点样条：在它的每个定义点处有两个自由度。

在绘制草图之初不必考虑草图曲线的精确位置与尺寸，待完成草图对象的绘制之后，再统一对草图对象进行约束控制。对草图进行合理的约束是实现草图参数化的关键所在。因此，在完成草图绘制以后，应认真分析，到底需要加入哪些约束。

UG NX 草图约束有两种类型：几何约束和尺寸约束，其含义如图 2-33 和图 2-34 所示。

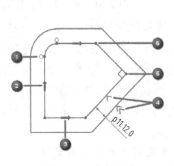

图 2-33　几何约束

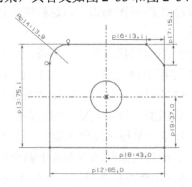

图 2-34　尺寸约束

1—相切　2—竖直　3—水平　4—偏置　5—垂直　6—共点

1．几何约束

几何约束可以确定图形元素及其之间的特定位置关系，如垂直、平行、相切等。

单击"约束"命令组工具栏中"几何约束"按钮 ，弹出图 2-35 所示的"几何约束"对话框。在"约束"选项组中，选择需要的几何约束，然后选择需要定义位置关系的一个或多个图形元素。对话框的"约束"选项组和"设置"选项组列出了全部的 20 种几何约束类型，其含义见表 2-1。

注意： 表中的约束符号在不同的软件版本中略微有所不同，约束数量也不完全相同。

图 2-35 "几何约束"对话框

表 2-1 草图几何约束

几何约束类型	释　义
重合	定义两对象的点重合，如单独的点、线端点、线中点、圆心等
点在曲线上	定义一对象的点按最短距离（沿垂直方向）落到曲线上或其延长线上，该点包括单独的点、线端点、线中点、圆心等
相切	定义两对象相切，如线与圆、圆弧相切，圆、圆弧之间相切
平行	定义两直线平行
垂直	定义两直线垂直
水平	定义直线成水平线（与 X 轴平行）
竖直	定义直线成竖直线（与 Y 轴平行）
中点	定义一对象的点按最短距离落在曲线的垂直中分线上
共线	定义两直线共线
同心	定义两圆、圆弧圆心重合
等长	定义两曲线长度相等
等半径	定义两圆、圆弧的半径相等
固定	定义一对象位置固定不变，但大小可以变化。通常作为参考的对象，位置不希望变动的对象以该约束进行固定
完全固定	定义一对象大小和位置都固定不变
定角	定义直线的角度固定不变，位置和长度可以变化
定长	定义直线的长度固定不变，位置与角度可以变化
点在线串上	定义一对象的点按最短距离落在空间曲线在草图平面的投射曲线上。假如点按垂直方向只能落到投射线的延长线上时，则该点是落在离投射线最近的端点上。该约束类型不常用
均匀比例	定义样条曲线在移动首尾两端点时，曲线整体缩放、转动，但形状保持不变
非均匀比例	定义样条曲线在进行移动、缩放、旋转操作时，都是整体发生变化
曲线的斜率	定义样条曲线的某一控制点与直线的斜率相等

2．尺寸约束

尺寸约束定义草图对象的尺寸（如直线长度、圆弧半径等）或两个对象之间的关系（如两点间距离）。改变草图尺寸值可以改变所控制的草图对象或尺寸，也可改变草图曲线控制的实体特征。尺寸约束可以确定草图元素自身的长、宽、高、角度、半径、直径和周长等尺寸。

单击"约束"命令组工具栏中"快速尺寸"按钮 ，弹出图 2-36 所示"快速尺寸"对话框。尺寸约束的方法有 9 种，选择约束方法后，再选择图形元素进行尺寸约束。其中，"自动判断"

选项可以适应大部分的尺寸标注,系统可以判断所选的对象类型,加以尺寸约束。但是对于标注圆柱直径和圆弧半径的情况,需要选择对应的方法,系统不能自动判断。

草图环境下,选择"任务"→"草图设置"命令,弹出图 2-37 所示的"草图设置"对话框。如果选中"连续自动标注尺寸"复选框,则草图在绘制过程中系统自动标注出其自身形状尺寸以及相对于坐标原点的位置尺寸,同时在状态行显示当前状态需要的约束数量。如果不选择"连续自动标注尺寸"复选框,则所有的尺寸需要自行添加。具体是否选择可根据用户习惯而定。

图 2-36 "快速尺寸"对话框

图 2-37 "草图设置"对话框

草图实例

下面以实例的形式讲述草图绘制的方法,难度由易到难。绘制过程先确定设计思路,然后按照 UG NX 软件草图绘制的步骤进行图形绘制。

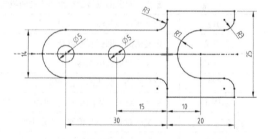

图 2-38 草图实例 1

 应用案例 2-1

绘制图 2-38 所示的草图。

应用案例 2-1

设计思路

1)草图基准:从图形的形状及尺寸标注可以看出,基准设在图中"十字"标志位置。

2)图形为上下对称结构,绘制上半部分,然后利用"镜像"命令完成图形的另外一半。

3)添加几何约束,倒圆。

4)添加尺寸约束。

 操作步骤

1)启动 UG NX 软件。新建模型文件 sketch_ex1.prt,进入任务环境下的草图界面。

2）草图设置。选择"任务"→"草图设置"选项，打开"草图设置"对话框。"尺寸标签"选择"值"，"文本高度"改为"5"，选中"连续自动标注尺寸"和"显示对象颜色"复选框，如图 2-39 所示。

注意： 草图设置属个人偏好，无统一要求，用户可根据自己习惯自行设置。

3）确定草图平面，绘制基本形状。选择"XOY"基准面为草图平面，利用"轮廓"命令 ，从原点开始绘制图形，注意利用鼠标滚轮调整比例，使绘图区域图形尺寸"大致"与实际尺寸相等，切换"轮廓"对话框中的"直线"与"圆弧"命令绘制图形，如图 2-40 所示。

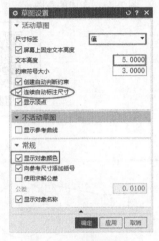

图 2-39　草图设置

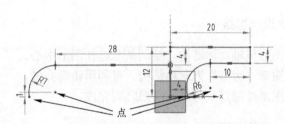

图 2-40　绘制图形的大致轮廓

4）添加几何约束。单击"约束"命令组工具栏中"几何约束"按钮 ，弹出图 2-35 所示"几何约束"对话框。选择"点在曲线上"约束 ，选中对话框中"自动选择递进"复选框，使图中的 4 个点（圆弧圆心和端点）分别约束在 X 轴上。

5）镜像。单击"曲线"命令组工具栏中"镜像"按钮 ，选择作好的曲线，进行对称于 X 轴的镜像，结果如图 2-41 所示。

6）添加圆、倒圆。添加两个小圆，使圆心约束在 X 轴上；再添加四处倒圆 R3，结果如图 2-42 所示。

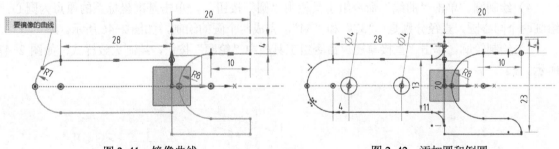

图 2-41　镜像曲线

图 2-42　添加圆和倒圆

7）添加尺寸约束。单击"约束"命令组工具栏中"快速尺寸"按钮 ，按照"自动判断"的约束方法添加尺寸，如图 2-43 所示。此时图形轮廓显示为绿色，表示图形已经完全约束，提示行显示"草图已完全约束"。适当移动尺寸位置，使图形整体美观整洁。

8）单击"完成草图"按钮 ，完成草图，如图 2-44 所示。

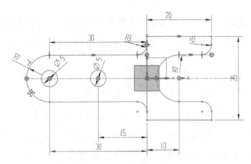

图 2-43　标注尺寸

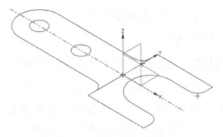

图 2-44　完成的草图

9）保存。选择"文件"→"保存"命令。

应用案例 2-2

应用案例 2-2

绘制图 2-45 所示的草图。

设计思路

1）图形呈轴对称结构，绘制基准选在图形中心。

2）图形"齿部"为对称结构，可利用镜像完成。

3）图形外部形状可利用圆形阵列完成。

操作步骤

1）启动 UG NX 软件。新建文件"草图实例 2.prt"，并进入任务环境下的草图界面。

2）草图设置。选择"任务"→"草图设置"选项，打

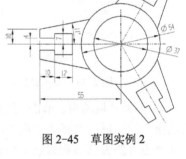

图 2-45　草图实例 2

开"草图设置"对话框。"尺寸标签"选择"值"，"文本高度"改为"5"，选中"连续自动标注尺寸"和"显示对象颜色"复选框。

3）确定草图平面。选择"插入"→"草图"选项，系统默认基准坐标系的 XOY 基准平面为草图绘制平面，单击"确定"按钮或单击鼠标中键进入草图绘制环境。

4）绘制圆。单击"曲线"命令组工具栏中"圆"按钮○，单击基准坐标系的原点为圆心，绘制两个同心圆，直径分别是 "37"和"54"，完成两个圆的绘制，如图 2-46 所示。

5）绘制轮廓。单击"直接草图"命令组工具栏中"轮廓"按钮，绘制大致样式，如图 2-47 所示。

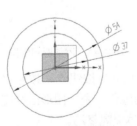

图 2-46　绘制两个圆

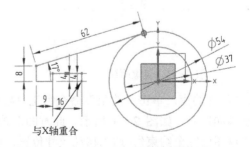

图 2-47　绘制轮廓

6）添加约束。单击"约束"命令组工具栏中"几何约束"按钮，单击"点在直线上"按钮，使右侧竖直直线下端点与 X 轴重合。添加尺寸约束，如图 2-48 所示。

7）镜像。单击"曲线"命令组工具栏中"镜像"按钮，选择上文绘制的曲线，以 X 轴为中心线，结果如图 2-49 所示。

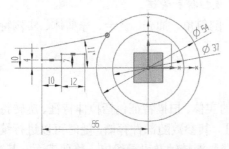

图 2-48　添加尺寸约束

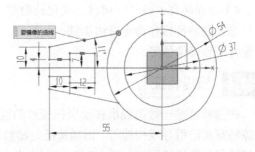

图 2-49　镜像曲线

8）阵列。单击"直接草图"命令组工具栏中"阵列"按钮，弹出图 2-50 所示的"阵列曲线"对话框。选择阵列方式为"圆形"，圆心为"旋转点"，"选择曲线"为"连续曲线"，选择镜像完成的曲线。输入"数量"为"3"，"间隔角"为"120°"，结果如图 2-51 所示。

图 2-50　"阵列曲线"对话框

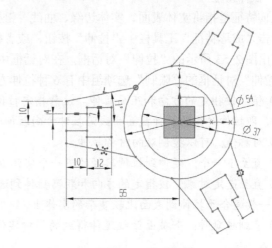

图 2-51　阵列曲线

9）隐藏基准坐标系与工作坐标系，完成案例 2-2 草图曲线的绘制。单击"草图"命令组工具栏中"完成草图"按钮，返回建模环境。单击"视图"菜单，再单击"可见性"命令组工具栏中"图层设置"按钮，隐藏基准坐标系，结果如图 2-52 所示。

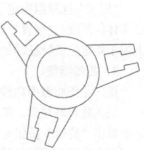

图 2-52　最终图形

2.2　特征建模

使用 UG NX 特征建模功能，可创建所需的基准平面、基准轴、基准 CSYS 和基准点，也可以创建长方体、圆柱体、圆锥体、球体、孔、凸台、槽和开槽等特征，还可以通过拉伸、旋转和扫掠方式创建特征。

特征作为 UG NX 实体建模的基础，一般情况下分成四大类：

1）基本体素特征：长方体、圆柱、圆锥和球。

2）基准特征：基准平面、基准轴和基准 CSYS。

3）成形特征：孔、凸台、腔体、垫块、凸起、键槽和坡口焊等。

4）扫描特征：拉伸、回转、变化的扫掠、沿导引线扫掠和管道。

常用的特征操作命令有边倒圆、面倒圆、软倒圆、倒斜角、抽壳、缝合、修剪体、实例特征、镜像特征和镜像体等。

2.2.1 扫描特征

扫描特征是一截面线串移动所扫掠过的区域构成的实体。扫描特征包括拉伸特征、旋转特征、扫掠特征和沿引导线扫掠等。扫描特征是参数化的特征，其参数随部件存储，随时可以进行编辑；扫描特征和其他特征相关联，它与截面线串、拉伸方向、旋转轴及引导线串、修剪表面、基准平面相关联。

用于扫描的截面线串可以是草图特征、特征曲线、连接的曲线、相切的曲线、面的边缘线和片体的边缘线等。

1．拉伸特征

拉伸特征是指将实体表面、实体边缘、曲线、链接曲线或者片体通过拉伸生成实体或片体。

单击"成形特征"工具栏中"拉伸"按钮，或者执行"插入"→"设计特征"→"拉伸"命令，弹出图 2-53 所示的"拉伸"对话框，在对话框中可以指定拉伸方式、设置拉伸参数。

"拉伸"对话框的"限制"选项组中有 6 种拉伸方式。

1）值：按指定的方向和距离拉伸。注意指定拉伸方向时，拉伸对象沿该拉伸方向必须是可拉伸的，即拉伸对象的拉伸截面曲线沿拉伸方向拉伸时，没有曲线被拉伸成一点。

2）对称值：可以控制双向对称拉伸。

3）直至下一个：延伸到拉伸路径的下一个实体或片体。

4）直至选定对象：按指定的方向和距离拉伸到选择的曲面、基准平面或实体。有 4 种拉伸方向，一般适合于拉伸到表面比较复杂的实体上。

5）直到被延伸：若截面曲线延伸得到的拉伸实体超出选定曲面的边界，则用选定的曲面修改该实体。

6）贯通全部对象：通过拉伸路径上的所有实体或片体。

"限制"选项组指定了拉伸时的参数，"起始"和"结束"文本框中数值之差的绝对值为拉伸后实体的厚度。"偏置"选项组可设置"单边""双边"和"对称的"3 种偏置方式。"拔模"选项组用于指定生成特征时如何对面进行拔模。

2．旋转特征

旋转是指将截面曲线绕指定轴旋转一定角度，以生成实体或片体。

进入建模环境后，单击"主页"菜单，在"特征"命令组工具栏区域的"设计特征"下拉菜单中单击"旋转"按钮 旋转，系统弹出图 2-54 所示的"旋转"对话框。

下面说明创建旋转特征的一般步骤。

1）截面线：可以单击"曲线"按钮，选择已有草图作为截面草图；也可以单击"绘制截面"按钮，绘制新草图作为截面草图。

2）轴：指定矢量作为旋转轴，可以使用曲线或边来指定旋转轴。单击"指定矢量"中的"矢量"按钮 可确定旋转轴的方向，单击"指定点"中的"点"按钮 可确定旋转轴的位置。

图 2-53　"拉伸"对话框

图 2-54　"旋转"对话框

注意：旋转体和旋转轴之间存在关联性，如果在创建旋转体之后更改旋转轴，则旋转体将相应地更新。

3）限制：控制旋转体的两相对端，可绕轴旋转 0°～360°。

2.2.2　创建设计特征

设计特征必须以基体为基础，通过增加材料或减去材料将设计特征添加到基体中。设计特征有孔特征、凸台特征、腔体特征、凸垫特征、键槽特征、沟槽特征和螺纹特征。

1. 设计特征概述

进入建模环境后，单击"主页"菜单，在"特征"命令组工具栏区域的"更多"下拉菜单中，单击"设计特征"工具栏上的相关按钮，即可以选择相应的设计特征，如图 2-55。

图 2-55　"设计特征"工具栏（需自己定制）

特别提示

UG NX 1847 中，"凸台""腔""垫块""键槽"4 个命令不直接出现在"特征"命令组工具栏中，它们被"凸起"命令替代。用户可通过工具栏的"定制"命令，将这些命令"拖出来"。

2. 孔

孔特征是指在实体上创建机械加工的各类孔，包括常规孔（简单孔、沉头孔、埋头孔及锥形孔）、螺纹孔、螺钉间隙孔等。

进入建模环境后，单击"主页"菜单，在"特征"命令组工具栏区域的"更多"下拉菜单中，单击"设计特征"工具栏上的"孔"按钮● 孔，系统弹出图2-56所示的"孔"对话框。下面以"简单孔"为例，介绍孔的创建步骤。

1）确定孔的类型。通常选择常规孔。此外，还有钻形孔、螺钉间隙孔、螺纹孔等。

2）确定孔的位置。单击"位置"选项组中"指定点"右侧"绘制截面"按钮 ，进入草图环境绘制点，或可以单击"点"按钮 选择已有的点或者创建点。单击"完成草图"按钮，完成孔位置的确定。可以同时确定多个孔的位置。

3）确定孔的形状和尺寸。可以成形"简单""沉头""埋头"和"锥形"4种类型的孔。

在"形状和尺寸"选项组的"深度限制"下拉列表框用于控制孔深度类型，包括"值""直至选定""直至下一个"和"贯通体"4个选项。

3. 凸台

进入建模环境后，单击"主页"菜单，在"特征"命令组工具栏区域的"更多"下拉菜单中，单击"设计特征"工具栏上的"凸台"按钮 ● 凸台(原有)，系统弹出图2-57所示的"凸台"对话框。

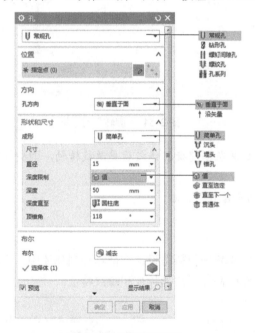

图2-56 "孔"对话框　　　　　　图2-57 "凸台"对话框

创建凸台的操作步骤如下。

1）选择放置凸台的放置面。放置面必须是平面，通常是选择已有实体的表面，如果没有平面可用作放置面，可以使用相对基准平面作为放置面。

2）设置凸台的尺寸。包括凸台的"直径""高度"和"锥角"，如图2-57所示。

3）确定凸台的放置位置。主要有以下6种定位方法，如图2-58所示。

① 水平定位 。是指特征上的工具边点与实体上的目标边点在 XC 轴方向的距离。首先选择水平参考，作为确定 XC 方向轴约束圆心的水平距离。其次，选择目标对象，当选择边缘时，离鼠标指针最近的边缘端点将被选中，如图2-59所示。

图 2-58 凸台的定位方法

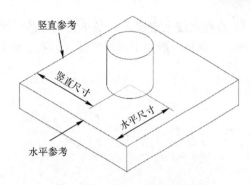

图 2-59 水平+竖直的定位方法

② 竖直定位 $\mathcal{L}$。是指特征上的工具边点与实体上的目标边点在 YC 轴方向的距离。该定位通常与水平定位配合使用，如图 2-59 所示。

③ 平行定位 $\mathcal{L}$。是指特征上的工具边点与实体上目标边点的最短距离。一般用于圆形特征（如孔、圆台）的定位，具体定位方法如图 2-60 所示。

④ 垂直定位 $\boxed{\mathcal{L}}$。是指特征上的一点到目标边的垂直距离，一般用于圆形特征（如孔、圆台）的定位。要确定孔、圆台特征的圆心到目标边的垂直距离，只需选择目标边，再单击该按钮即可，具体定位方法如图 2-61 所示。

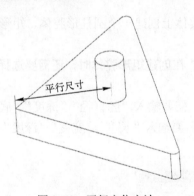

图 2-60 平行定位方法

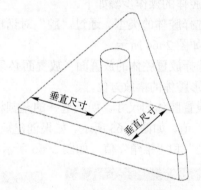

图 2-61 垂直定位方法

⑤ 点落在点上定位 $\nearrow$。是平行定位的一种特例。系统自动设置特征上的工具边点到实体上的目标边点的最短距离为 0，即两点重合；一般用于圆形特征（如孔、圆台）的定位，如图 2-62 所示。

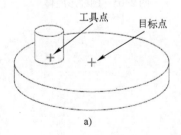

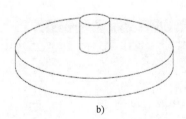

a)   b)

图 2-62 点落在点上的定位方法

a) 定位前 b) 定位后

⑥ 点落到线上定位 ⊥ 。是垂直定位的一种特例。系统自动设置垂直距离值为 0，点到线即点在线上，同样一般用于圆形特征（如孔、圆台）的定位，如图 2-63 所示。

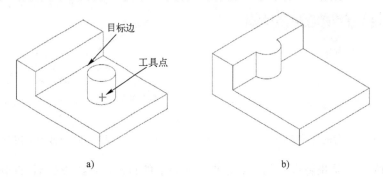

图 2-63　点落到线上的定位方法

a) 定位前　b) 定位后

4．腔体

进入建模环境后，单击"主页"菜单，在"特征"命令组工具栏区域的"更多"下拉菜单中，单击"设计特征"工具栏上的"腔"按钮 ⊙腔（原有），系统弹出图 2-64 所示的"腔"对话框。

创建腔体的操作步骤如下。

1）选择腔体的类型。通过"腔"对话框，可在实体上创建一个圆柱形腔体、矩形腔体和常规腔体，如图 2-64 所示。

2）选择放置腔体的放置面（放置面必须是平面）。在创建矩形腔体时，还需要选择水平参考以确定矩形腔体的摆放方位。

3）设置腔体的尺寸。如果选择的是圆柱形腔体，需要输入"腔直径""深度""底面半径"和"锥角"值，如图 2-65 所示。如果创建矩形腔体，需要输入"长度""宽度""深度""角半径""底面半径"和"锥角"值，如图 2-66 所示。

图 2-64　"腔"对话框

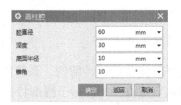

图 2-65　圆柱形腔体

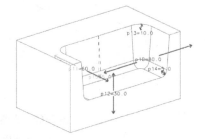

图 2-66　矩形腔体

特别提示

创建矩形腔体时，深度值必须大于底面半径，角半径必须大于等于底面半径，如果有锥角，则考虑锥角后的角半径必须大于等于底面半径。

4）确定腔体的放置位置。腔体的定位方式如图 2-67 所示。与凸台的定位方式相比，增加了以下几种方法。

图 2-67　腔体的定位方法

① 按一定距离平行定位 。是指特征上的工具边与实体上目标边的平行距离。该定位方式只能用于具有长度边缘的非圆形特征（如腔体、凸垫和键槽）的定位，需要选择目标边和工具边，如图 2-68 所示。

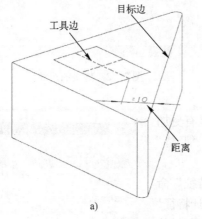

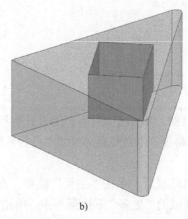

a)

b)

图 2-68　按一定距离平行的定位方法

a) 定位前　b) 定位后

② 斜角定位 。是指特征上的工具边与实体上目标边的角度。该定位方式只能用于具有长度边缘的非圆形特征（如腔体、凸垫和键槽）的定位，需要选择目标边和工具边，如图 2-69 所示。

③ 线落到线上定位 。它是按一定距离平行定位的一种特例。系统自动设置平行距离值为 0，即工具边和目标边重合。同样它只能用于有长度边缘的非圆形特征（如腔体、凸垫和键槽）的定位，如图 2-70 所示。

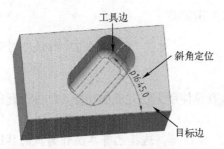

图 2-69　斜角的定位方法

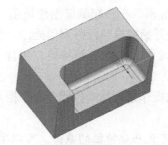

图 2-70　线落到线上的定位方法

5. 垫块

进入建模环境后，单击"主页"菜单，在"特征"命令组工具栏区域的"更多"下拉菜单中，单击"设计特征"工具栏上的"垫块"按钮 垫块（原有），系统弹出图 2-71 所示的"垫块"对话框。

创建垫块的操作步骤如下。

1）选择垫块的类型。通过"垫块"对话框，可在实体上创建一个矩形垫块和常规垫块，如图 2-71 所示。

2）选择放置垫块的放置面（平的）。在创建矩形垫块时，需要选择水平参考以确定矩形垫块的摆放方位。

3）设置垫块的尺寸。设置矩形垫块，需要输入"长度""宽度""高度""拐角半径"和"锥角"，如图 2-72 所示。

4）确定腔体的放置位置。定位方法可参考"腔体"和"凸台"的定位方法。

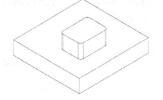

图 2-71 "垫块"对话框　　　　　　图 2-72 垫块的尺寸

6. 凸起

UG NX 1847 将凸起作为综合的设计特征，具有更加灵活的功能，将逐步取代低版本中的"凸台""腔""凸垫"命令。

进入建模环境后，单击"主页"菜单，在"特征"命令组工具栏区域的"更多"下拉菜单中，单击"设计特征"工具栏上的"凸起"按钮，系统弹出图 2-73 所示的"凸起"对话框。主要选项说明如下。

1）截面线。凸起的基本形状，是封闭曲线集、边集或草图，在平面或其他面上创建。这个截面通常是平面，也可以是 3D 的。

2）要凸起的面。在其上创建凸起的曲面。

3）端盖。凸起的终止曲面。该曲面可得到凸起的底部面（腔）或顶部面（垫块）。

4）拔模。在凸起侧壁创建拔模，不同选项可指定截面从何处开始拔模或投影到何处。

5）设置。指定凸起种类，包含"混合""凸垫"和"凹腔"。

图 2-73 "凸起"对话框

凸起操作过程与"拉伸"命令相似，但是具有拉伸所无法完成的功能。创建凸起的操作步骤如下。

1）定义凸起特征的截面。可以单击"曲线"按钮，选择已有草图作为截面草图；也可以单击"绘制截面"按钮，绘制新草图作为截面草图。

2）定义凸起表面。指定要凸起的面。

3）定义拉伸特征的方向。默认的拉伸矢量方向和截面曲线所在的面相互垂直。设置矢量方向后，拉伸方向朝向指定的矢量方向。单击"反向"按钮，可以改变拉伸方向。

4）设定限制。确定拉伸特征的开始和终点位置。

5）设定拔模。设定是否拔模以及拔模的方法。

 应用案例 2-3

应用案例 2-3

本案例演示如何创建凸起特征，具体操作步骤如下。

1）启动 UG NX 软件，进入建模环境，打开文件…chap2/凸起.prt，如图 2-74 所示。图中包含 8 个模型，用于不同类型的凸起创建。

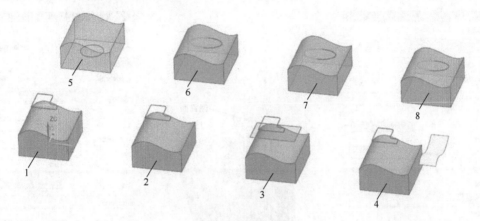

图 2-74 实体模型

2）创建"截面平面"端盖。单击"主页"菜单，在"特征"命令组工具栏区域的"更多"下拉菜单中，单击"设计特征"工具栏上的"凸起"按钮 ◆ 凸起，系统弹出图 2-75 所示的"凸起"对话框。选择图 2-74 中模型 1 及其"截面线"和"要凸起的面"，如图 2-76 所示。凸起方向为"ZC"，"端盖"中"几何体"类型为"截面平面"，"拔模"选择"无"；在"设置"选项组中"凸度"选择"凸垫"。单击"应用"按钮，结果如图 2-77 所示。如果"拔模"选项选择"从端盖"，则凸起在创建的同时增加拔模角，方法与拔模特征类似，这里不再赘述。

图 2-75 "凸起"对话框 1

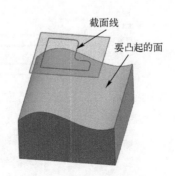

图 2-76 凸起操作

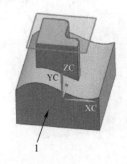

图 2-77 "截面平面"端盖

3）创建"凸起的面"端盖。选择图 2-74 中模型 2，"截面线"和"要凸起的面"及凸起方向与步骤 2）一致，"端盖"中"几何体"类型为"凸起的面"，"距离"为"40"，如图 2-78 所示。单击"应用"按钮，结果如图 2-79 所示。这时凸起的终止面为要凸起的面偏置形成。

4）创建"基准平面"端盖。对象选择图 2-74 中模型 3，"截面线"和"要凸起的面"及凸起方向与步骤 2）一致，"端盖"中"几何体"类型为"基准平面"，如图 2-80 所示。选择模型 3 中的基准平面，也可对该基准平面进行"偏置"或"平移"，形成新的平面。单击"应用"按钮，结果如图 2-81 所示。这时凸起的终止面为基准平面形成。

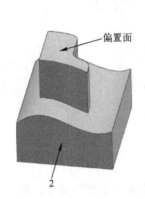

图 2-78 "凸起"对话框 2 　　　图 2-79 "凸起的面"端盖 　　　图 2-80 "凸起"对话框 3

5）创建"选定的面"端盖。对象选择图 2-74 中模型 4，"截面线"和"要凸起的面"及凸起方向与步骤 2）一致，"端盖"中"几何体"类型为"选定的面"，如图 2-82 所示。选择模型 4 中的曲面，也可对该曲面进行"偏置"或"平移"，形成新的平面。单击"确定"按钮，结果如图 2-83 所示。这时凸起的终止面为选定的面形成。

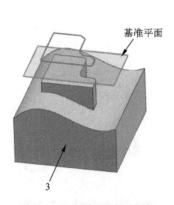

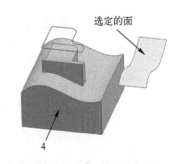

图 2-81 "基准平面"端盖 　　　图 2-82 "凸起"对话框 4 　　　图 2-83 "选定的面"端盖

6）创建"凹腔"凸起。对象选择图 2-74 中模型 5，"截面线"选择图中的圆，"要凸起的面"及凸起方向与步骤 2）一致，"端盖"中"几何体"类型为"截面平面"，"设置"中"凸度"选择"凹腔"，如图 2-84 和图 2-85 所示。单击"应用"按钮，结果如图 2-86 所示。

图 2-84 "凸起"对话框 5

图 2-85 凸起操作

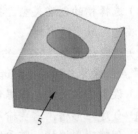

图 2-86 "凹腔"凸起 1

7）创建"混合"凸起。对象选择图 2-74 中模型 6，"截面线"选择图中的椭圆，"要凸起的面"及凸起方向与步骤 2）一致，"端盖"中"几何体"类型为"截面平面"，"设置"中"凸度"选择"混合"，如图 2-87 所示。单击"应用"按钮，结果如图 2-88 所示。其余设置不变，切换"凸度"选项为"凸垫"和"凹腔"结果如图 2-89 和图 2-90 所示。

图 2-87 "凸起"对话框 6

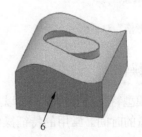

图 2-88 "混合"凸起

7. 槽

进入建模环境后，单击"主页"菜单，在"特征"命令组工具栏区域的"更多"下拉菜单中，单击"设计特征"工具栏上的"槽"按钮 ，系统弹出图 2-91 所示的"槽"对话框。

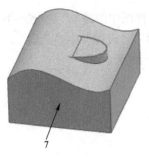

图 2-89 "凸垫"凸起

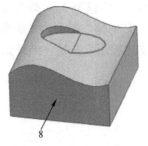

图 2-90 "凹腔"凸起 2

图 2-91 "槽"对话框

创建槽的操作步骤如下。

1）选择槽的创建类型。执行"槽"命令，打开"槽"对话框，在实体上创建一个"矩形槽""球形端槽"或"U 形槽"。

2）选择放置面。"槽"的放置面必须是圆柱面或圆锥面，旋转轴是选定圆柱/圆锥面的轴。槽在选择点创建并自动连接到选定的面上，可以选择一个外部或内部面作为槽的放置面。

3）设置槽的尺寸。根据创建槽的不同，槽的尺寸也不同。

① 创建矩形槽，需要输入"槽直径"和"宽度"值，如图 2-92 所示。结果如图 2-93 所示。

② 创建球形端槽，需要输入"槽直径"和"球直径"值。

③ 创建 U 形槽，需要输入"槽直径""宽度"和"拐角半径"值。

4）确定槽的位置。槽的定位和其他成形特征的定位稍有不同，只能在一个方向上定位槽，即沿着目标实体的轴。没有定位尺寸菜单出现，通过选择实体上的目标边及槽的工具边来定位槽，如图 2-94 所示。

图 2-92 "矩形槽"对话框

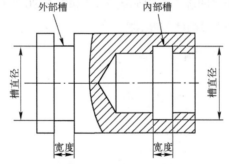

图 2-93 槽特征示意图

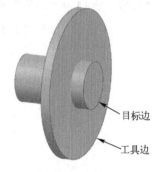

图 2-94 槽的定位

2.2.3 特征操作

对已有的模型特征进行操作，可以创建与已有特征相关联的目标特征，从而减少许多重复的操作，节省大量的时间。常用的特征操作命令有阵列特征、镜像特征和实例几何体等。

1. 阵列特征

阵列特征操作就是对特征进行阵列，也就是对特征进行一个或者多个的关联复制，并按照一定的规律排列复制特征，而且阵列特征的所有实例都是相互关联的，可以通过编辑原特征的参数来改变其所有的实例。常用的阵列方式有线性阵列、圆形阵列、多边形阵列、螺旋式阵列、沿曲线阵列、常规阵列和参考阵列等。

进入建模环境后，单击"主页"菜单，在"特征"命令组工具栏区域的"更多"下拉菜单中，单击"关联复制"工具栏上的"阵列特征"按钮 阵列特征，打开"阵列特征"对话框。

（1）线性阵列

对特征进行线性阵列的操作步骤如下。

1）单击"阵列特征"按钮 阵列特征，打开"阵列特征"对话框。

2）选取阵列对象。选择"选择特征"，然后在绘图区选择要阵列的特征。

3）选择阵列方法。在"布局"下拉列表中选择"线性"选项。

4）确定阵列参数。首先定义"方向 1"的阵列参数，在"方向 1"下选择"指定矢量"，确定特征沿着指定的方向阵列；在"间距"的下拉列表中有"数量和间隔""数量和跨距""节距和跨距"等选项。本例中选择"数量和间隔"，输入"数量"为"3"和"节距"值为"35"；同样定义"方向 2"的阵列参数，输入"数量"为"2"和"节距"值为"40"，如图 2-95 所示。

5）单击"确定"按钮，完成线性阵列的创建，如图 2-96 所示。

图 2-95　线性"阵列特征"对话框

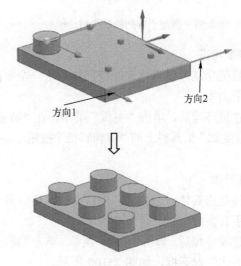

图 2-96　线性阵列特征的创建

（2）圆形阵列

对特征进行圆形阵列的操作步骤如下。

1）单击"阵列特征"按钮 阵列特征，打开"阵列特征"对话框。

2）选取阵列对象。选择"选择特征"，然后在绘图区选择要阵列的特征。

3）选择阵列方法。在"布局"下拉列表中选择"圆形"选项。

4）定义旋转轴和中心点。在对话框的"旋转轴"选项组中选择"指定矢量"后打开"矢量"对话框，在其中定义旋转轴，通常旋转轴与阵列对象表面垂直。选择"指定点"后打开"点"对话框，在其中定义阵列对象绕着旋转的中心点。本例中，旋转轴为"ZC"轴，中心点为圆心。

5）定义阵列参数。在"斜角方向"下的"间距"的下拉列表中可以选择"数量和节距""数量和跨距""节距和跨距"或者"列表"选项，与线性阵列类似，不再详述。本例中，选择"数量和节距"，"数量"为"7"，"节距角"为"360/7"，如图 2-97 所示。

6）单击"确定"按钮，完成圆形阵列的创建，如图 2-98 所示。

图 2-97 圆形"阵列特征"对话框

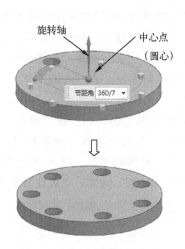

图 2-98 创建圆形阵列特征

2. 镜像特征

镜像特征功能可以将所选的特征相对于一个平面或基准平面进行对称的复制，从而得到所选特征的一个副本。

进入建模环境后，单击"主页"菜单，在"特征"命令组工具栏区域的"更多"下拉菜单中，单击"关联复制"工具栏上的"镜像特征"按钮 镜像特征，可以打开"镜像特征"对话框，如图 2-99 所示。

3. 修剪体

修剪体是将实体一分为二，保留一边，切除另一边。实体修剪后仍为参数化实体，保留实体创建时的所有参数。

进入建模环境后，单击"主页"菜单，单击"特征"命令组工具栏区域的"修剪体"按钮 修剪体，进入"修剪体"对话框，如图 2-100 所示。

图 2-99 "镜像特征"对话框

图 2-100 "修剪体"对话框

以图 2-101 所示范例，说明修剪体的一般操作步骤。

1）单击"修剪体"按钮 修剪体，打开"修剪体"对话框。

2）选择要修剪的一个或多个目标体。单击"选择体"按钮，在绘图区选择图 2-101a 所示的实体。

3）选择面、平面或者新建一个平面作为修剪工具。当选择"工具选项"下拉列表中的"面或平面"选项时，可以在绘图区选择与目标体相

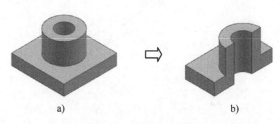

图 2-101　修剪体操作
a）原实体　b）修剪后的实体

交的一个或多个面；当选择"工具选项"下拉列表中的"新建平面"选项时，可以通过"平面"对话框构建各类平面作为修剪工具，选择或创建的修剪体都必须与目标体相交。本例中，选择"新建平面"，再选择"二等分"方法 ，创建一个基准平面作为修剪工具，如图 2-102 所示。

4）确定需要的保留体。矢量指向远离保留体的部分。如果需要的保留体与默认的相反，则单击"反向"按钮 ，如图 2-103 所示。

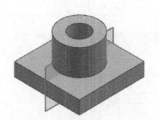

图 2-102　创建基准平面

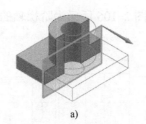

a）　　　　　b）

图 2-103　修剪方向的影响
a）默认修剪方向　b）反向修剪方向

5）单击"确定"按钮，完成修剪体的创建。

4. 拆分体

拆分体是将实体一分为二，同时保留两边。和修剪实体不同，实体分割后变为非参数化实体，实体创建时的所有参数全部丢失，因此一定要谨慎使用。

进入建模环境后，单击"主页"菜单，在"特征"命令组工具栏区域的"更多"下拉菜单中，单击"修剪"工具栏上的"拆分体"按钮 拆分体，打开"拆分体"对话框，如图 2-104 所示。

拆分体的一般操作步骤如下。

1）选择"拆分体"命令，打开"拆分体"对话框。

2）选择拆分的目标体。单击"选择体"按钮，在绘图区选择一个或多个实体。

图 2-104　"拆分体"对话框

3）选择工具。在"拆分体"对话框的"工具选项"下拉列表中有"面或平面""新建平面""拉伸""回转"等选项。其中"面或平面""新建平面"的使用与"修剪体"命令一致，而"拉伸"和"回转"选项是指通过选择曲线，并沿着指定矢量的方向拉伸或回转的方法创建一个工具体。选择"面或平面"，再选择绘图区中的 XOZ 面（拆分面），结果如图 2-105 所示。

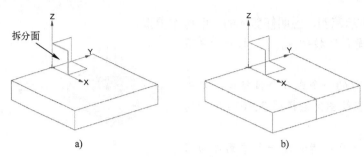

图 2-105 拆分体过程

a) 拆分前 b) 拆分后

特别提示

当使用自己创建的曲面拆分体时，曲面必须完全大于被拆分体，否则会出现"刀具和目标未形成完整相交"的警告。

2.2.4 轴类零件建模

本示例进行阶梯轴的创建。图 2-106 所示为阶梯轴的尺寸。

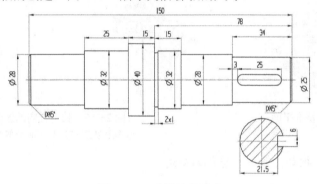

图 2-106 阶梯轴的尺寸

设计思路

1）选择图形右侧端面中心为原点，绘制截面草图。

2）添加几何约束和尺寸约束。

3）执行"旋转"命令创建实体模型，完成主体特征创建。

4）细节操作，如槽、键槽等。

操作步骤

1）启动 UG NX，新建模型文件"阶梯轴.prt"，进入建模环境。

2）草图设置。选择"任务"→"草图设置"命令，打开"草图设置"对话框，其中，"尺寸标签"选择"值"，"文本高度"为"5"，不选中"连续自动标注尺寸"复选框，选中"显示对象颜色"复选框，如图 2-107 所示。

3）草绘。进入草图环境，选择"YOZ"基准面为草图平面，利用"轮廓"命令 ⌐，从原点开始绘制图形，注意利用鼠标滚轮调整比例，使绘图区域图形尺寸"大致"与实际尺寸相等，绘制图形如图 2-108 所示。

图 2-107 草图设置

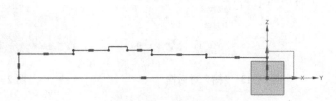

图 2-108 绘制草图轮廓

4）添加约束。单击"约束"命令组工具栏中"几何约束"按钮 ，弹出图 2-109 所示"几何约束"对话框。选择"共线"约束 ，选中"自动选择递进"复选框，使图形下方直线与 X 轴共线，右侧直线与 Y 轴共线。添加尺寸约束，如图 2-110 所示。

图 2-109 "几何约束"对话框

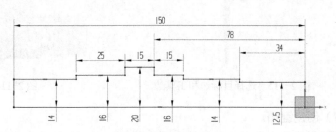

图 2-110 添加尺寸约束

5）创建旋转。选择"旋转"命令，打开"旋转"对话框，如图 2-111 所示。选择绘制的轮廓线为"截面线"，指定矢量为 X 轴，"指定点"为原点，"角度"为默认值"0"和"360"，结果如图 2-112 所示。

图 2-111 "旋转"对话框

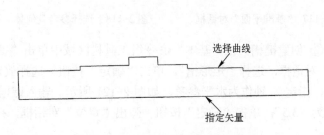

图 2-112 选择曲线和指定矢量

6）创建退刀槽。单击"主页"菜单，在"特征"命令组工具栏区域的"更多"下拉菜单中，单击"设计特征"工具栏上的"槽"按钮 $\blacksquare$ 槽，系统弹出图 2-113 所示的"槽"对话框。选择"矩形"，指定图 2-114 所示的圆柱面为放置面，在弹出的"矩形槽"对话框中输入槽的参数：槽直径为"30"，宽度为"2"，单击"确定"按钮。选择图 2-115 中指定的圆弧（阶梯轴⌀40 圆柱面右侧圆弧）作为目标边，单击图中的圆弧作为工具边，输入距离为"0"。结果如图 2-116 所示。

图 2-113 "槽"对话框

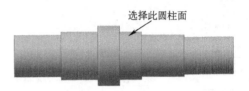

图 2-114 选择放置面

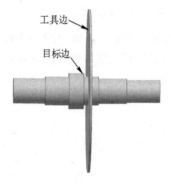

图 2-115 选择目标边和工具边

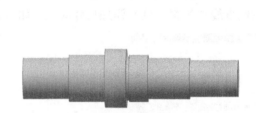

图 2-116 创建退刀槽

7）创建键槽。

① 新建基准平面。单击"主页"菜单，在"构造"命令组工具栏区域中单击"基准平面"按钮 $\Leftrightarrow$，弹出图 2-117 所示的"基准平面"对话框。类型选择"相切"，单击"选择对象"，在绘图区选择图 2-118 中指定的圆柱面，得到基准平面，如图 2-119 所示。

图 2-117 "基准平面"对话框

图 2-118 选择参考几何体

图 2-119 创建基准平面

② 创建键槽。在"基本"命令组工具栏区域中单击"键槽"按钮 $\circledast$，弹出图 2-120 所示的"槽"对话框。选择"矩形槽"，单击"确定"按钮。选择放置面为上文创建的基准平面，接受默认边，指定 X 轴作为水平参考，如图 2-121 所示。输入键槽参数：长度为"25"，宽度为"6"，深度为"3.5"，单击"确定"按钮。弹出"定位"对话框，接下来进行键槽定位。

图 2-120　选择槽的类型

图 2-121　选择水平参考

③ 键槽定位。在图 2-122 所示的"定位"对话框中，选择"线落在线上"的定位方法。选择 X 轴作为目标边，键槽长度方向中心线作为刀具边，如图 2-123 所示，这时键槽中心线与 X 轴上下对齐。继续单击"定位"对话框"水平"按钮，如图 2-124 所示。单击阶梯轴右端第二轴段 ∅28 圆柱右侧圆弧作为目标对象，选择键槽左侧圆弧作为刀具边，如图 2-125 所示。在弹出的"设置圆弧的位置"对话框中，选择"相切点"，如图 2-126 所示。在弹出的"创建表达式"对话框中输入"距离"为"3"，单击"确定"按钮，键槽创建完成，结果如图 2-127 所示。

图 2-122　选择"线落在线上"

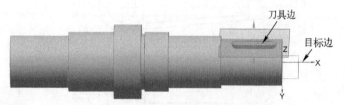

图 2-123　选择目标边和刀具边 1

图 2-124　选择"水平定位"

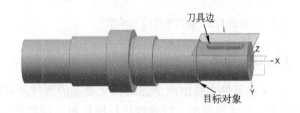

图 2-125　选择目标对象和刀具边 2

图 2-126　"设置圆弧的位置"对话框

图 2-127　创建键槽

8）倒斜角。在"基本"命令组工具栏区域中单击"倒斜角"按钮 ，弹出图 2-128 所示的"倒斜角"对话框。其中，"距离"为"1"，选择阶梯轴左端 ∅28 轴段左侧圆弧和 ∅25 轴段右侧圆弧，结果如图 2-129 所示。阶梯轴创建完成。

9）保存。

图 2-128 "倒斜角"对话框

图 2-129 阶梯轴

2.2.5 叉类零件建模

本示例为叉类零件的创建。图 2-130 所示为叉类零件的二维图，图 2-131 所示为叉类零件的三维模型。

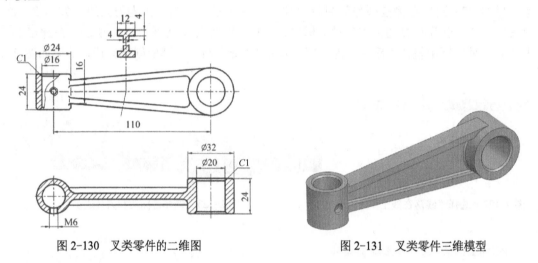

图 2-130 叉类零件的二维图

图 2-131 叉类零件三维模型

 设计思路

1）叉类零件主要由两个轴线相互垂直的圆柱及中间过渡体组成。该零件应为连接件，其中中心距 110 尺寸可调整。以参数化建模思想，设置新的参考坐标系。两个圆柱体体中心分别是基准坐标系的原点。

2）肋板可通过拉伸完成设计，但拉伸草图的两侧需与两个基准坐标系创建约束。图 2-130 中的尺寸 16 需通过参考平面与圆柱面相交线来生成尺寸约束。

3）螺纹孔的创建需通过与圆柱相切的参考平面，创建点确定孔中心位置。

4）主体特征创建完成后，最后进行细节建模，如边倒圆、倒斜角等。

操作步骤

1）启动 UG NX，新建模型文件"叉类零件 1.prt"，进入建模环境。

2）草图设置。选择"任务"→"草图设置"，打开"草图设置"对话框，其中，"尺寸标签"选择"值"，"文本高度"改为"5"，选中"创建自动判断约束"和"显示对象颜色"复选项。

3）创建基准坐标系。单击"构造"命令组工具栏中"基准坐标系"按钮，弹出图 2-132 所示"基准坐标系"对话框。单击该对话框中的"点"按钮，打开"点"对话框，输入"Y"

坐标值为 "-100"，如图 2-133 所示。

图 2-132　创建基准坐标系　　　　　　　　　图 2-133　"点"对话框

4）第一次拉伸。以原基准坐标系的 YOZ 平面为草图平面，绘制直径为 32 的圆，进行拉伸操作，"结束"为"对称值"，"距离"为"24"。

5）第二次拉伸。以构建的第二个基准坐标系的 XOY 平面为草图平面，绘制直径为 24 的圆，进行拉伸操作，"结束"为"对称值"，"距离"为"24"。两次拉伸的结果如图 2-134 所示。

6）肋板设计。肋板设计的步骤如下。

① 创建基准平面。单击"构造"命令组工具栏中"基准面"按钮 ◇，弹出图 2-135 所示"基准平面"对话框。选择方式为"按某一距离"，指定要定义平面的对象为原基准坐标系的 YOZ 平面，偏置距离为"6"，如图 2-136 所示。

注意：生成的参考平面是无限大的，显示的参考平面大小可通过拖拽参考平面边缘的"小球"来改变。结果如图 2-137 所示。

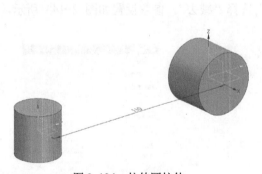

图 2-134　拉伸圆柱体　　　　　　　　　图 2-135　"基准平面"对话框

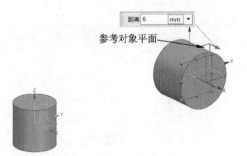

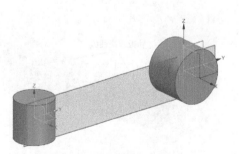

图 2-136　创建基准平面　　　　　　　　　图 2-137　创建的基准平面

② 绘制草图。选择基准坐标系 YOZ 面，绘制草图，分别施加"共线"和"相切"约束，使上下对称，如图 2-138 所示。

③ 尺寸约束。单击"包含"命令组工具栏中"更多"下拉列表中的"相交曲线"按钮 ⊛ 相交曲线 ，弹出图 2-139 所示的"相交曲线"对话框。选择左侧圆柱面为"要相交的面"，结果如图 2-140 所示。修剪相交曲线的上下两侧，并标注长度尺寸为"16"，如图 2-141 所示。

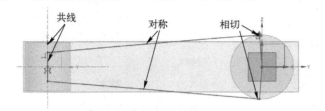

图 2-138　绘制草图

图 2-139　"相交曲线"对话框

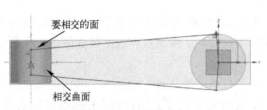

图 2-140　相交曲线

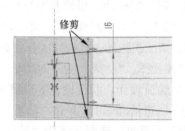

图 2-141　修剪相交曲线

④ 拉伸。拉伸草图曲线，在"拉伸"对话框中，设置"起始"为"0"，"终止"为"12"，布尔操作选择"无"，结果如图 2-142 所示。

7）拉伸减重槽。拉伸图 2-142 中的肋板边缘曲线，设置"偏置"为"单侧"，"结束"（偏置距离）为"-4"，拉伸距离为"4"，"布尔"选择"减去"。参数设置如图 2-143 所示，拉伸结果如图 2-144 所示。

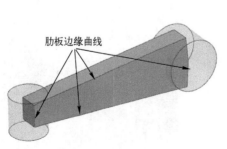

图 2-142　创建实体

图 2-143　拉伸参数设置

8）镜像特征。镜像步骤 7）拉伸的特征，镜像平面为基准坐标系 YOZ 面，结果如图 2-145 所示。

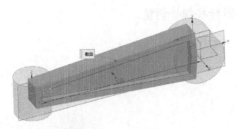

图 2-144 拉伸结果

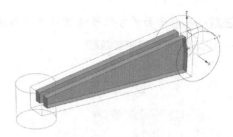

图 2-145 镜像结果

9）合并。单击"基本"命令组工具栏中"合并"按钮，弹出图 2-146 所示的"合并"对话框。合并圆柱体与肋板，目标体选择肋板，工具体选择两个圆柱体。结果如图 2-147 所示。

图 2-146 "合并"对话框

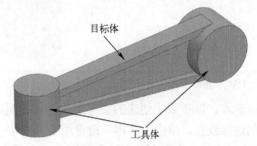

图 2-147 合并体

10）创建孔。单击"基本"命令组工具栏中"孔"按钮，弹出图 2-148 所示的"孔"对话框。选择左侧圆柱上端面中心，创建简单孔，"孔径"为"16"，"深度限制"为"贯通体"。同理创建右侧圆柱直径为"20"的孔。结果如图 2-149 所示。

图 2-148 "孔"对话框

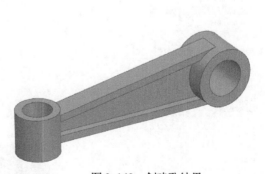

图 2-149 创建孔结果

11）创建螺纹孔，操作步骤如下。

① 创建参考平面。单击"构造"命令组工具栏中"基准面"按钮，弹出图 2-150 所示的

"基准平面"对话框。选择"类型"和"子类型"都为"相切"，指定"参考几何体"为圆柱面和新基准坐标系的 YOZ 平面，"角度"为"180"，结果如图 2-151 所示。

注意： 基准平面的方位可通过单击"备选解"图标按钮 调整。

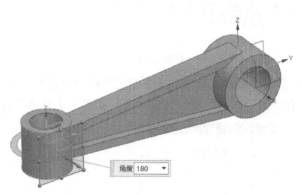

图 2-150 "基准平面"对话框   图 2-151 创建基准平面

② 创建点。以步骤①创建的参考平面为草图面，创建点，位置与基准坐标系原点重合。

③ 创建螺纹孔。单击"基本"命令组工具栏中"孔"按钮 ，孔参数设置如图 2-152 所示。选择步骤②创建的点为孔中心。结果如图 2-153 所示。

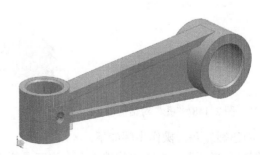

图 2-152 螺纹"孔"对话框   图 2-153 创建螺纹孔

12）倒斜角。选择孔内径，倒角距离为"1"，结果如图 2-154。

13）边倒圆。选择减重槽内边缘曲线，倒圆半径为"2"，结果如图 2-155 所示。

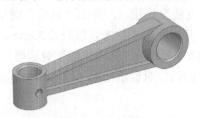

图 2-154　倒斜角

图 2-155　创建边倒圆

14）保存。

2.2.6　盘类零件建模

绘制图 2-156 所示的模型，三维模型如图 2-157 所示。

2.2.6　盘类零件
建模

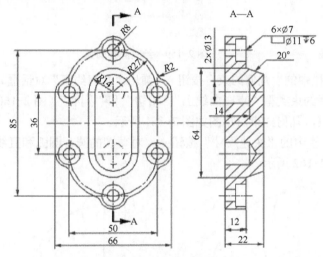

图 2-156　泵盖二维图

图 2-157　泵盖三维模型

 设计思路

1）绘制泵盖外轮廓草图，通过拉伸形成泵盖主体。

2）拉伸凸起，并拔模。

3）插入沉头孔，阵列、镜像。

4）插入两个简单孔。

5）倒圆。

操作步骤

1）新建文件：启动 UG NX，新建文件，命名为"泵盖"，进入建模模块。

2）绘制草图零件轮廓

① 设置草图首选项。选择"菜单"→"首选项"→"草图"命令，弹出"草图首选项"对话框，取消"连续自动标注尺寸"选择，选择"尺寸标签"为"值"。

② 进入草图界面。单击"构造"工具栏中的"任务环境中的草图"按钮，弹出"创建草图"对话框，选择默认选项（XOY 平面），单击"确定"按钮，进入草图界面。

③ 绘制参考直线。单击"曲线"工具栏中的"直线"按钮╱，弹出"直线"对话框。以坐标原点为起点，创建图 2-158 所示的 4 条参考直线，并标注水平参考直线段长 33mm。

④ 绘制圆和圆弧。单击"曲线"工具栏中的"圆"按钮○，弹出"圆"对话框，创建 3 个圆；单击"曲线"工具栏的"圆弧"按钮╭，弹出"圆弧"对话框，用"中心和端点定圆弧"的方法创建一个圆弧，如图 2-159 所示。

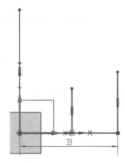

图 2-158　绘制参考直线

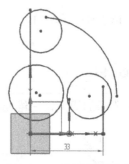

图 2-159　绘制圆和圆弧

⑤ 几何约束。单击"曲线"工具栏中的"几何约束"按钮，弹出"几何约束"对话框。选中"自动选择递进"复选框，分别选择约束类型"点在曲线上""相切"和"同心"（图 2-160），对草图的圆、圆弧和直线进行几何约束，几何约束后草图如图 2-161 所示。

⑥ 尺寸约束。单击"曲线"工具栏中的"快速尺寸"按钮，对草图的圆、圆弧和直线尺寸进行约束，尺寸约束后的草图如图 2-162 所示。

图 2-160　"几何约束"对话框

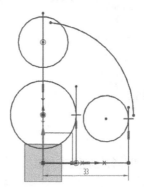

图 2-161　几何约束后的草图

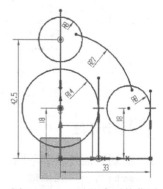

图 2-162　尺寸约束后的草图

⑦ 快速修剪。单击"编辑曲线"工具栏中的"快速修剪"按钮✕，弹出"快速修剪"对话框，如图 2-163 所示，直接单击需要修剪的曲线，修剪后草图如图 2-164 所示。

⑧ 镜像曲线。单击"更多曲线"工具栏中的"镜像曲线"按钮图标，弹出"镜像曲线"对话框，如图 2-165 所示。"要镜像的曲线"选择所有草图曲线，"中心线"选择"Y 轴"，单击"应用"按钮，得到第一次镜像后的曲线，如图 2-166 所示。然后"要镜像的曲线"选择第一次镜像后所有曲线，"中心线"选择"X 轴"，单击"确定"按钮，两次镜像后的曲线如图 2-167 所示。

⑨ 退出草图界面。单击"曲线"工具栏中的"完成草图"按钮，退出草图界面，进入建模环境。

图 2-163 "快速修剪"对话框

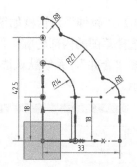

图 2-164 修剪后的草图

图 2-165 "镜像曲线"对话框

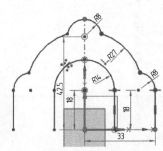

图 2-166 第一次镜像后曲线

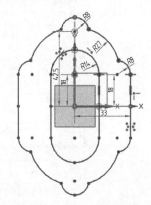

图 2-167 第二次镜像后曲线

3) 拉伸实体。

① 拉伸 1。单击"设计特征"工具栏中的"拉伸"按钮 ，弹出"拉伸"对话框，如图 2-168 所示。选择曲线时，在上边框条中选择"区域边界曲线"方法，如图 2-169 所示，选择外部轮廓；拉伸方向为"+Z"；拉伸开始和结束值分别输入"0"和"12"，单击"应用"按钮，拉伸 1 后的实体如图 2-170 所示。

图 2-168 "拉伸"对话框 1

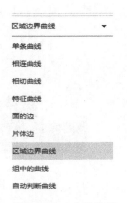

图 2-169 曲线选择

图 2-170 拉伸 1 后的实体

② 拉伸 2。"拉伸"对话框如图 2-171 所示。选择曲线时，在上边框条中选择"区域边界曲线"方法，选择草图的内部轮廓；拉伸方向为"+Z"；拉伸开始和结束值分别输入"0"和"22"；布尔运算选择"合并"，系统默认选择前面拉伸的实体，单击"确定"按钮，拉伸 2 后的实体如图 2-172 所示。

图 2-171 "拉伸"对话框 2

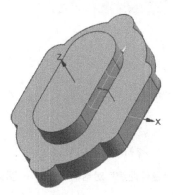

图 2-172 拉伸 2 后的实体

③ 拔摸。单击"细节特征"工具栏中的"拔摸"按钮🌑，弹出"拔摸"对话框，如图 2-173 所示。选择"面"拔摸的方式；指定"+Z"为拔摸方向；"拔摸方法"选择"固定面"，并选择拉伸 1 的上表面为固定面；选择拉伸 2 的四周为拔摸面，角度值输入"10"，单击"确定"按钮。拔摸后的实体如图 2-174 所示。

图 2-173 "拔摸"对话框

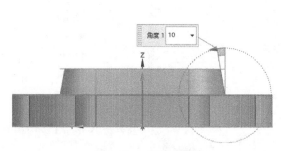

图 2-174 拔摸后实体

4）沉头孔。

① 生成沉头孔。单击"设计特征"工具栏中的"孔"按钮🌑，弹出"孔"对话框，如图 2-175 所示。孔类型选择"常规孔"；在指定点时，在上边框条中单击"自动捕捉圆心"按钮 ⊙ ，自动捕捉圆弧的圆心作为沉头孔的位置；"成形"选择"沉头"；"沉头直径""沉头深度""直径"和"深度限制"分别输入"11""6""7"和"贯通体"，单击"确定"按钮。生成的沉头孔如图 2-176 所示。

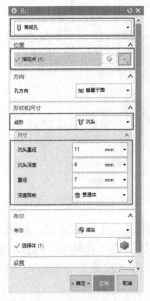

图 2-175　沉头"孔"对话框

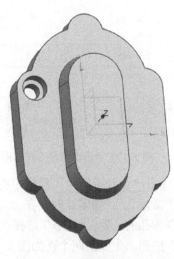

图 2-176　生成沉头孔后实体

② 阵列沉头孔。单击"设计特征"工具栏中的"阵列特征"按钮🌑图标，弹出"阵列特征"对话框，如图 2-177 所示。选择上一步创建的沉头孔；阵列"布局"选择"圆形"；"指定矢量"选择"+Z"，"指定点"选择"圆心"方式，选择圆弧的圆心；"间距"选择"数量和间隔"，"数量"和"节距角"分别输入"3"和"90"，单击"确定"按钮。阵列后沉头孔如图 2-178 所示。

图 2-177　"阵列特征"对话框

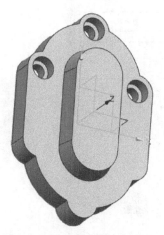

图 2-178　沉头孔阵列后实体

③ 镜像沉头孔。单击"关联复制"工具栏中的"镜像特征"按钮 🐾，弹出"镜像特征"对话框，如图 2-179 所示。选择上一步阵列的 3 个沉头孔，"镜像平面"选择基准坐标系的 XZ 平面，单击"确定"按钮。沉头孔镜像后实体如图 2-180 所示。

图 2-179 "镜像特征"对话框

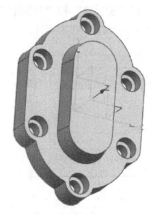

图 2-180 沉头孔镜像后实体

5）孔。单击"设计特征"工具栏中的"孔"按钮 🌑，弹出"孔"对话框，如图 2-181 所示。孔类型选择"常规孔"；指定点时，在上边框条中单击"捕捉圆心"按钮 ⊙，自动捕捉草图中间的两个圆心作为孔的位置；"成形"选择"简单孔"；"直径"和"深度"分别输入"13"和"14"，单击"确定"按钮。生成的两个孔如图 2-182 所示。

6）边倒圆。单击"设计特征"工具栏中的"边倒圆"按钮 🌑，弹出"边倒圆"对话框，如图 2-183 所示。"连续性"选择"G1（相切）"，选择实体的 8 条棱边；"半径 1"输入"2"，单击"确定"按钮，完成边倒圆。

图 2-181 "孔"对话框

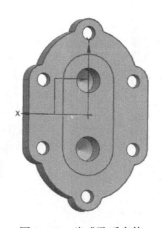

图 2-182 生成孔后实体

图 2-183 "边倒圆"对话框

7）隐藏草图、基准面及基准轴。进入"视图"菜单界面，单击"可见性"工具栏中"移动至图层"按钮 移动至图层，弹出"类选择"对话框，如图 2-184 所示。单击"类型过滤器"按钮，弹出"按类型选择"对话框，如图 2-185 所示。选择"草图"，单击"确定"按钮，在绘图区把草图全部框选，单击"确定"按钮，在"图层移动"对话框输入"41"，单击"确定"按钮，即把草图移动到 41 层。同样的方法把基准面/轴移动到 61 层。泵盖实体如图 2-186 所示。

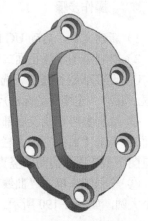

图 2-184 "类选择"对话框　　　图 2-185 "按类型选择"对话框　　　图 2-186 泵盖实体

8）保存。

2.2.7 箱体类零件建模

绘制图 2-187 和图 2-188 所示的图形：泵体。

2.2.7 箱体类零件建模

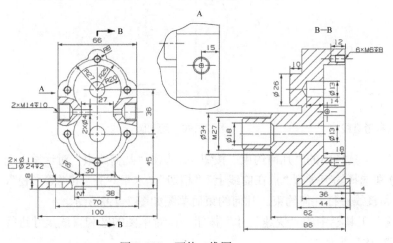

图 2-187 泵体二维图

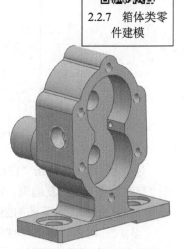

图 2-188 泵体三维模型

🔍 设计思路

1）依据主视图，绘制草图零件正面二维轮廓。

2）依据全剖视图，拉伸零件正面实体。

3）以拉伸的泵体的背面为草图基准面，绘制草图背面二维轮廓。

4）3 次拉伸，生成零件背面凸起。

5）依据全剖视图，生成 3 个孔（2 个∅13、1 个∅18）及 1 个外螺纹 M27。

6）依据主视图，生成 6 个 M6 螺纹孔。

7）依据主视图，生成 2 个沉头孔。

8）依据主视图，生成 1 个通孔及 2 个螺纹孔。

 操作步骤

1）新建文件。启动 UG NX 软件，新建文件，命名为"泵体"，进入建模模块。

2）绘制草图零件正面二维轮廓。

① 设置草图首选项。选择"菜单"→"首选项"→"草图"命令，弹出"草图首选项"对话框，取消"连续自动标注尺寸"复选框的选择，选择"尺寸标签"为"值"。

② 绘制参考直线及底部轮廓。单击"构造"工具栏中的"草图"按钮，选择默认选项（XY平面）；单击"曲线"工具栏中的"轮廓"按钮，弹出"轮廓"对话框，以坐标原点为起点，创建图 2-189 所示的两条竖直直线及底部轮廓，并标注底部直线段长 19mm。

③ 绘制圆。单击"曲线"工具栏中的"圆"按钮○，弹出"圆"对话框，创建 3 个小圆和两个大圆，如图 2-190 所示。

图 2-189　绘制参考直线

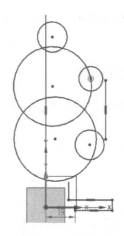

图 2-190　绘制圆

④ 几何约束。单击"曲线"工具栏中的"几何约束"按钮，弹出"几何约束"对话框，选中"自动选择递进"复选框，分别选择约束类型"点在曲线上""相切""水平对齐"和"等半径"，如图 2-191 所示，对草图的圆和直线进行几何约束。几何约束后草图如图 2-192 所示。

⑤ 尺寸约束。单击"曲线"工具栏中的"快速尺寸"按钮，对草图的圆和直线尺寸进行约束，尺寸约束后的草图如图 2-193 所示。

⑥ 快速修剪。单击"编辑曲线"工具栏中的"快速修剪"按钮×，弹出"快速修剪"对话框，直接单击需要修剪的曲线，修剪后草图如图 2-194 所示。

⑦ 镜像曲线。单击"更多曲线"工具栏中的"镜像曲线"按钮，弹出"镜像曲线"对话框。

"要镜像的曲线"选择所有草图曲线;"中心线"选择"Y 轴",单击"确定"按钮。镜像后的曲线如图 2-195 所示。

图 2-191 "几何约束"对话框

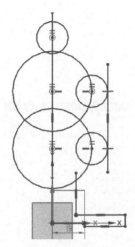

图 2-192 几何约束后的草图

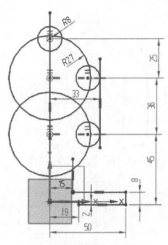

图 2-193 尺寸约束后的草图

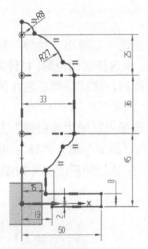

图 2-194 修剪后的草图

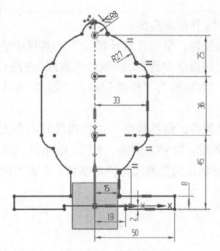

图 2-195 镜像后曲线

⑧ 添加中间部分草图。单击"曲线"工具栏中的"圆"按钮○,弹出"圆"对话框。在上边框条中单击"自动捕捉圆心"按钮◎,自动捕捉 R27 圆弧的圆心作为所画圆的圆心位置,创建两个⌀40mm 圆;单击"曲线"工具栏中的"直线"按钮╱,弹出"直线"对话框,绘制两条竖直直线;并在底部草图轮廓开口处绘制一条直线,使底部草图轮廓封闭。添加中间部分草图如图 2-196 所示。

⑨ 中间部分草图的几何和尺寸约束及修剪。单击"曲线"工具栏中的"对称"按钮, 弹出"设为对称"对话框,如图 2-197 所示。依次选择前一步绘制的两条竖直直线,选择对称中心线时,选择 Y 轴,单击"关闭"按钮,完成几何约束;单击"曲线"工具栏中的"快速尺寸"按钮, 对这两条竖直直线的距离标注尺寸为 27mm,完成尺寸约束;单击"编辑曲线"工具栏中的"快速修剪"按钮×,弹出"快速修剪"对话框,直接单击需要修剪的曲线。修剪后草图如图 2-198 所示。

⑩ 退出草图界面。单击"曲线"工具栏中的"完成草图"按钮▨，退出草图界面，进入建模界面。

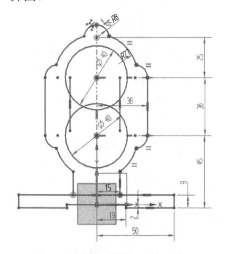

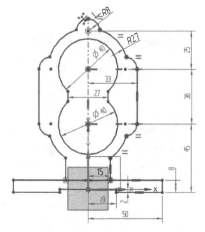

图 2-196　添加完中间部分草图　　　图 2-197　"设为对称"对话框　　　图 2-198　中间部分草图完成后

3）拉伸零件正面实体。

① 底部拉伸。单击"设计特征"工具栏中的"拉伸"按钮▨，弹出"拉伸"对话框。选择曲线时，在上边框条中选择"区域边界曲线"方法（图 2-199），再选择底部轮廓；拉伸方向为"+Z"；结束值选择"对称值"，"距离"输入"22"，单击"应用"按钮，底部拉伸后的实体如图 2-200 所示。

② 主体拉伸。继续拉伸，选择曲线时，在上边框条中选择"区域边界曲线"方法，再选择草图的外部轮廓；拉伸方向为"+Z"；结束值选择"对称值"，"距离"输入"18"；布尔运算选择"合并"，系统默认选择前面拉伸的实体，单击"应用"按钮。主体拉伸后的实体如图 2-201 所示。

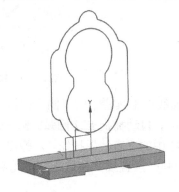

图 2-199　曲线选择　　　　图 2-200　底部拉伸后的实体　　　　图 2-201　主体拉伸后的实体

③ 中间部分拉伸去除材料。在上边框条中选择"区域边界曲线"方法，选择草图的中间部分轮廓；拉伸方向为"+Z"；拉伸起始和结束值分别输入"0"和"18"；布尔运算选择"减去"，系统默认选择前面拉伸的实体，单击"确定"按钮，中间部分拉伸去除材料后的实体如图 2-202 所示。

4）绘制草图零件背面二维轮廓。

① 设置草图平面。单击"构造"工具栏中的"创建草图"按钮 ✎，弹出"创建草图"对话框，在上边框条中单击"自动捕捉圆心"按钮 ◉，自动捕捉零件背面 R27 圆弧的圆心作为坐标原点，其他选项默认，单击"确定"按钮，进入草图界面，如图 2-203 所示。

② 绘制 3 个圆。单击"曲线"工具栏中的"圆"按钮○，弹出"圆"对话框，在上边框条中单击"自动捕捉圆心"按钮 ◉，自动捕捉 R27 圆弧的圆心作为圆心，创建 3 个直径分别为 ∅25mm、∅27mm、∅34mm 的圆，如图 2-204 所示。

 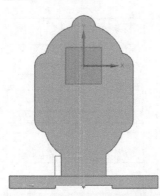 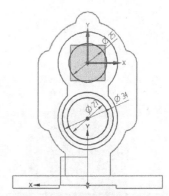

图2-202 中间部分拉伸去除材料后实体　　图2-203 零件背面二维轮廓的草图平面　　图2-204 草图平面绘制的3个圆

③ 退出草图界面。单击"曲线"工具栏中的"完成草图"按钮 ◙，退出草图界面，进入建模界面。

5）拉伸零件背面实体。

① 拉伸 1。在上边框条中选择"单条曲线"方法，选择草图中∅25mm 的圆；拉伸方向为"-Z"；拉伸起始和结束值分别输入"0"和"10"；布尔运算选择"合并"，系统默认选择前面拉伸的实体，单击"应用"按钮，拉伸 1 后的实体如图 2-205 所示。

② 拉伸 2。在上边框条中选择"单条曲线"方法，选择草图中∅34mm 的圆；拉伸方向为"-Z"；拉伸起始和结束值分别输入"0"和"26"；布尔运算选择"合并"，系统默认选择前面拉伸的实体，单击"应用"按钮，拉伸 2 后的实体如图 2-206 所示。

图 2-205　拉伸 1 后的实体　　　　　图 2-206　拉伸 2 后的实体

③ 拉伸 3。在上边框条中选择"单条曲线"方法，选择草图中∅27mm 的圆；拉伸方向为 "-Z"；拉伸起始和结束值分别输入"26"和"50"；布尔运算选择"合并"，系统默认选择前面拉伸的实体，单击"确定"按钮，拉伸 3 后的实体如图 2-207 所示。

6）创建 3 个孔及 1 个外螺纹

① 孔1（∅13）。单击"设计特征"工具栏中的"孔"按钮 🌐，弹出"孔"对话框，如图2-208所示。孔类型选择"常规孔"；指定点时，在上边框条中单击"自动捕捉圆心"按钮 ⊙，自动捕捉∅40圆的圆心作为孔的位置；"成形"选择"简单孔"；"直径"和"深度限制"分别输入"13"和"贯通体"，单击"应用"按钮，生成的孔如图2-209所示。

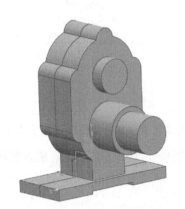

图2-207 拉伸3后的实体　　　　　图2-208 "孔"对话框1　　　　　图2-209 生成孔1后实体

② 孔2（∅13）。在上边框条中单击"自动捕捉圆心"按钮 ⊙，自动捕捉∅40圆的圆心作为孔的位置；"成形"选择"简单孔"；"直径"和"深度限制"分别输入"13"和"14"，单击"应用"按钮，生成的孔如图2-210所示。

③ 孔3（∅18）。重复上面步骤，在上边框条中单击"自动捕捉圆心"按钮 ⊙，自动捕捉∅27的圆心作为孔的位置；"孔方向"选择"沿矢量"，指定矢量为"+Z"；"成形"选择"简单孔"；"直径"和"深度限制"分别输入"18"和"24"，单击"确定"按钮，生成的孔如图2-211所示。

图2-210 生成孔2后实体　　　　　图2-211 生成孔3后实体

④ 外螺纹（M27）。单击"基本"工具栏中的"更多"按钮 🗄，单击其中的"细节特征螺纹"按钮 🗍，弹出"螺纹"对话框，如图2-212所示。螺纹类型选择"符号"；单击∅27的圆柱体外表

面，再单击"确定"按钮，生成的螺纹如图 2-213 所示。

图 2-212 "螺纹"对话框

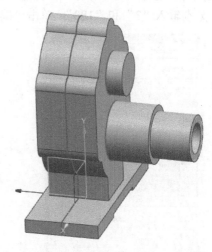

图 2-213 生成外螺纹（M27）后实体

7）创建 6 个 M6 螺纹孔

① 创建 M6 螺纹孔。单击"设计特征"工具栏中的"孔"按钮🔩，弹出"孔"对话框，如图 2-214 所示。在孔类型中选择"Metric Coarse（有螺纹）"；"大小"选择"M6×1.0"，"螺纹深度"输入"8"，指定点时，在上边框条中单击"自动捕捉圆心"按钮⊙，自动捕捉零件正面 R27 圆弧的圆心作为孔的位置；"孔深"输入"12"，单击"确定"按钮，生成的螺纹孔如图 2-215 所示。

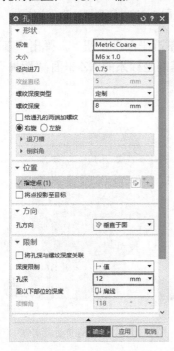

图 2-214 "孔"对话框 2

图 2-215 生成螺纹孔后实体

② 阵列螺纹孔。单击"设计特征"工具栏中的"阵列特征"按钮 ，弹出"阵列特征"对话框，如图 2-216 所示。选择上一步生成的螺纹孔；阵列"布局"选用"圆形"；"指定矢量"选择"+Z"，指定点时，选择"圆心"方式，再选择圆弧的圆心；"间距"选择"数量和跨距"，"数量"和"跨角"分别输入"3"和"180"，单击"确定"按钮，阵列后螺纹孔如图 2-217 所示。

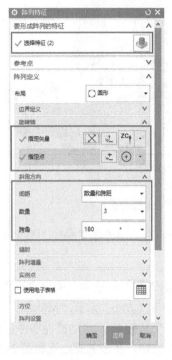

图 2-216　"阵列特征"对话框

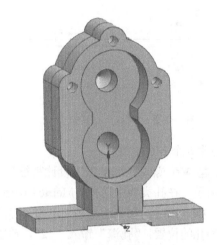

图 2-217　阵列螺纹孔后实体

③ 创建基准面。单击"设计特征"工具栏中的"基准平面"按钮 ，弹出"基准平面"对话框，如图 2-218 所示。类型选择"按某一距离"；单击基准坐标系的 XZ 平面；"距离"输入"61"，单击"确定"按钮。创建基准面后如图 2-219 所示。

图 2-218　"基准平面"对话框

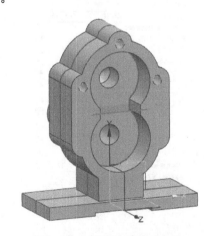

图 2-219　创建基准面后实体

④ 镜像螺纹孔。单击"关联复制"工具栏中的"镜像特征"按钮 ，弹出"镜像特征"对

话框，如图 2-220 所示。选择阵列的 3 个螺纹孔；"镜像平面"选择上一步创建的基准平面；单击"确定"按钮，镜像后螺纹孔如图 2-221 所示。

图 2-220 "镜像特征"对话框 1

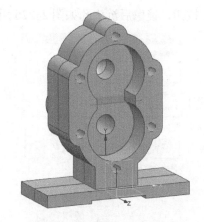

图 2-221 镜像后螺纹孔

8）生成 2 个沉头孔。

① 生成∅11 沉头孔。单击"设计特征"工具栏中的"孔"按钮，弹出"孔"对话框，如图 2-222 所示。孔类型选择"常规孔"；指定点时，在上边框条中单击"点"按钮，弹出"点"对话框，如图 2-223 所示，XYZ 坐标值分别输入"35""6""0"单击"确定"按钮，返回"孔"对话框；"成形"选择"沉头"；"沉头直径""沉头深度""直径"和"深度限制"分别输入"24""2""11"和"贯通体"，单击"确定"按钮。生成的沉头孔如图 2-224 所示。

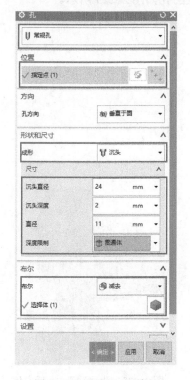

图 2-222 "孔"对话框 3

图 2-223 "点"对话框 1

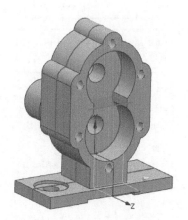

图 2-224 生成沉头孔后实体

② 镜像沉头孔。单击"关联复制"工具栏中的"镜像特征"按钮 🖳，弹出"镜像特征"对话框，如图 2-225 所示。选择上一步生成的沉头孔，"镜像平面"选择基准坐标系的 XZ 平面，单击"确定"按钮，镜像后沉头孔如图 2-226 所示。

图 2-225　"镜像特征"对话框 2　　　　　　　图 2-226　镜像沉头孔后实体

9）生成 1 个通孔及 2 个螺纹孔。

① 生成∅4 通孔。单击"设计特征"工具栏中的"孔"按钮 🧊，弹出"孔"对话框，如图 2-227 所示。孔类型选择"常规孔"；指定点时，在上边框条单击"点"按钮 🛨，弹出"点"对话框，如图 2-228 所示，XYZ 坐标值分别输入"-33""61""3"；成形选择"简单孔"；"直径"和"深度限制"分别输入"4"和"贯通体"，单击"确定"按钮，生成的孔如图 2-229 所示。

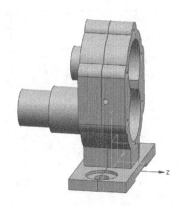

图 2-227　"孔"对话框 4　　　　图 2-228　"点"对话框 2　　　　图 2-229　生成通孔∅4 后实体

② 创建 M14 螺纹孔。单击"设计特征"工具栏中的"孔"按钮 🌑，弹出"孔"对话框。在孔类型中选择"Metric Coarse"；"大小"选择"M14×2"，"螺纹深度"输入"10"，指定点时，在上边框条中单击"自动捕捉圆心"按钮 ⊙，自动捕捉 Ø4 的圆心作为孔的位置；"孔方向"选择"沿矢量"，"指定矢量"为"+X"；"孔深"输入"14"，如图 2-230 所示。单击"确定"按钮，生成的螺纹孔如图 2-231 所示。

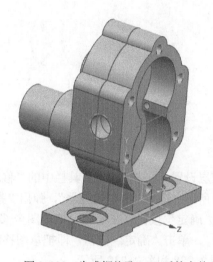

图 2-230　螺纹"孔"对话框　　　　　　图 2-231　生成螺纹孔 M14 后的实体

③ 镜像螺纹孔。单击"关联复制"工具栏中的"镜像特征"按钮 🐾，弹出"镜像特征"对话框，如图 2-232 所示。选择上一步生成的螺纹孔，"镜像平面"选择基准坐标系的 XZ 平面，单击"确定"按钮。镜像后螺纹孔如图 2-233 所示。

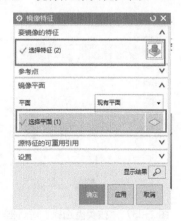

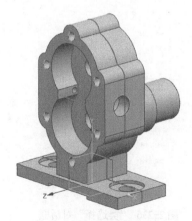

图 2-232　"镜像特征"对话框 3　　　　　图 2-233　镜像螺纹孔后的实体

10）倒斜角。单击"设计特征"工具栏中的"倒斜角"按钮◈，弹出"倒斜角"对话框。选择下部实体的 4 条棱边和背部拉伸的 3 个圆柱体棱边，共 7 条棱边；"距离"输入"2"，单击"确定"按钮，完成倒斜角，结果如图 2-234 所示。

11）边倒圆。单击"设计特征"工具栏中的"边倒圆"按钮◈，弹出"边倒圆"对话框。选择主体部分实体的 8 条棱边，"半径"输入"2"，单击"应用"按钮，完成 R2 倒圆；选择主体部分下端的 2 条棱边，"半径"输入"6"，结果如图 2-235 所示。

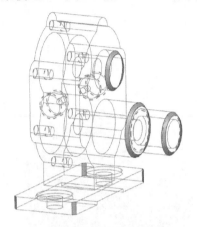

图 2-234　倒斜角结果

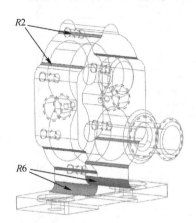

图 2-235　边倒圆结果

12）图层设置。单击"层"工具栏中的"移动至图层"按钮 移动至图层，弹出"类选择"对话框，如图 2-236 所示。选择"类型过滤器"，弹出"按类型选择"对话框，如图 2-237 所示。选择"草图"，单击"确定"按钮。在绘图区把草图全部框选，单击"确定"按钮，在"图层移动"对话框输入"41"，单击"确定"按钮，即把草图移动到 41 层。同样的方法把基准移动到 61 层。泵体结果如图 2-238 和图 2-239 所示。

图 2-236　"类选择"对话框

图 2-237　"按类型选择"对话框

13）保存。

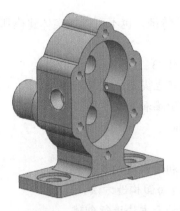

图 2-238　泵体实体正面

图 2-239　泵体实体反面

2.3　曲面建模

UG NX 曲面建模技术是体现 CAD/CAM 软件建模能力的重要标志。曲面建模用于构造用标准建模方法无法创建的复杂形状，它既能生成曲面（在 UG NX 中称为片体，即零厚度实体），也能生成实体。本节介绍构建曲面和编辑曲面的方法，以完成各种曲面、片体和非规则实体的创建，实现对曲面的各种编辑修改操作。

2.3.1　曲面建模概述

曲面建模同实体建模一样，都是模型主体的组成部分。曲面建模不同于实体建模，区别在于曲面构成的模型没有质量也无法添加材料特征，而且在模型生成过程中，已经生成的曲面不可以进行布尔运算。曲面建模广泛应用于汽车、飞机、轮船、家电和其他工业造型设计过程。

使用 UG NX 曲面造型模块，用户能够设计复杂的自由外形。例如，在进行汽车、飞机以及各种日用品的外形设计时，除了能满足功能要求外，还需要美观、圆滑、符合人体工程学要求等。构造曲面时，一般先根据产品外形要求，将绘制的剖截面通过拉伸、旋转等操作创建；也可以由绘制的边界曲线，或者由实样测量的数据点，运用"通过点""点云""过曲线"等方法创建；对于简单的曲面，可以一次完成建模，而实际产品的形状往往比较复杂，还需对已有曲面进行延伸、修剪、过渡连接、光顺处理等编辑操作才能完成整体造型。

一般来说，创建曲面都是从曲线开始的。可以通过点创建曲线来创建曲面，也可以通过抽取已存在的特征边缘轮廓线的方式创建曲面。一般的创建曲面过程如下。

1）首先创建曲线。可以用测量得到的点云创建曲线，也可以从光栅图像中勾勒出用户所需曲线；或者直接创建曲线或抽取边缘轮廓获得曲线。

2）根据创建的曲线，利用"曲线""直纹""过曲线网格"等选项，创建产品的主要或者大面积的曲面。

3）继续重复步骤 1）、2），创建必要的曲面。此时创建的多个曲面之间没有关联性，彼此有交叉或者缝隙。

4）利用"桥接面""二次截面""软倒圆""N-边曲面"选项，对已创建的曲面进行过渡连接、编辑或者光顺处理。

曲面建模不同于实体建模，它不是完全参数化的特征，也不可以像实体建模那样进行布尔运算，因此在曲面建模过程中需要注意以下几点。

1）用于构造曲面的曲线尽可能简单，曲线阶次数<3。

2）用于构造曲面的曲线要保证光顺连续，避免产生尖角、交叉和重叠。

3）曲面的曲率半径尽可能大，否则会造成加工困难和复杂。

4）曲面的阶次尽量选择三次，避免使用高次曲面。

5）避免构造非参数化特征。

6）如有测量的数据点，建议可先生成曲线，再利用曲线构造曲面。

7）根据不同 3D 零件的形状特点，合理使用各种曲面构造方法。

8）设计薄壳零件时，尽可能先修剪实体，再用抽壳方法进行创建。

9）面之间的圆角过渡尽可能在实体上进行操作。

2.3.2 曲线的创建与编辑

曲线是构建曲面模型的基础，只有构造良好的二维曲线才能保证创建质量较好的曲面或实体。可以通过曲线的拉伸、旋转等操作去构造特征；也可以用曲线创建曲面进行复杂曲面或实体造型；在特征建模过程中，曲线也常用作建模的辅助线（如定位线等）；另外，建立的曲线还可添加到草图中进行参数化设计。

（1）曲线与草图的区别

草图曲线分两种，一种是草图环境下的草图，另一种是建模环境下的草图，其共同点是草图都在某一平面内完成的，这个平面可能是坐标平面或实体表面，草图是有参数的。而本节介绍的曲线是在建模环境下绘制，可建立空间曲线，如螺旋线。曲线是无参数的，但是可以通过"添加现有曲线"命令将曲线加到草图中进行参数化设计。

（2）曲线命令

一般曲线命令分为三部分：曲线生成、曲线操作及曲线编辑。

曲线的生成命令用于建立遵循设计要求的点、直线、圆弧、样条曲线、二次曲线、平面等几何要素。一般来说，曲线命令建立的几何要素主要是位于工作坐标系 XY 平面上（用捕捉点的方式也可以在空间上画线），当需要在不同平面上建立曲线时，需要用坐标系工具——WCS 旋转（Rotate）或者定位（Orient）来转换 XY 平面。

曲线操作命令是对已存在的曲线进行几何运算处理，如曲线桥接、投影、接合等。

曲线编辑命令是对几何要素进行编辑修改，如修剪曲线、编辑曲线参数、曲线拉伸等。

图 2-240、图 2-241 和图 2-242 所示为曲线绘制、编辑曲线和派生曲线的命令组工具栏。同样可以在"菜单"→"插入"菜单的"曲线"和"派生曲线"子菜单中找到这些命令。

图 2-240 "曲线绘制"命令组　　　图 2-241 "编辑曲线"命令组　　　图 2-242 "派生曲线"命令组

利用曲线生成命令，可创建基本曲线和高级曲线；利用曲线操作命令，可以进行曲线的偏置、桥接、相交、截面和简化等操作。利用曲线编辑命令，可以修剪曲线、编辑曲线参数和拉伸曲线等。

1. 曲线的生成

曲线生成命令主要是指生成点、点集、直线、圆弧、样条曲线、二次曲线等几何要素。曲线绘制的方法与草图相似，下面介绍一些较复杂的曲线生成方法。

（1）面上曲线

在曲面上绘制曲线，该曲面可以是平面、曲面，单独创建的曲面或实体的表面。

单击"曲线"菜单中的"曲面上的曲线"按钮 ，弹出图 2-243 所示的"曲面上的曲线"对话框。首先选择"选择面"，单击选择绘制曲线的面，然后选择"指定点"，单击选择面上的一些点，自动绘制成曲线。选中"封闭"复选框，则绘制封闭的曲线。"自动判断约束设置""设置""微定位"选项组保持图示的默认值。图 2-244 所示为在圆柱面上绘制的曲线。

图 2-243 "曲面上的曲线"对话框

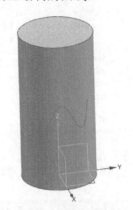

图 2-244 圆柱面上的曲线

（2）文本

在工程实际中，产品设计完成后，会在其表面刻印上产品名称、型号、品牌等信息，另外零件上某些需要特殊处理的地方，也需添加文字说明。UG NX 中的"文本曲线"命令，输入的文本可以是英文字母、中文文字、阿拉伯数字、数学符号等，文本曲线实际是以空间曲线构成的文字轮廓，通过拉伸以及与实体求和、求差等操作完成文字雕刻的效果。

单击"曲线"菜单中"文本"按钮 **A**，弹出图 2-245 所示的"文本"对话框。文本放置的位置与方位有 3 种类型。

1）平面副。选择或创建新基准坐标系以其 XY 坐标平面作为文本放置平面。

2）曲线上。沿着选择的曲线绘制文本曲线。

3）面上。在选择的曲面上绘制文本曲线。该曲面可以是平面，也可以是曲面，还可以是单独创建的曲面或实体的表面。

应用案例 2-4

在现有零件的表面，分别绘制平面、曲线和面上的文本，操作步骤如下。

1）打开随书网盘资料 chap2/2-3/文本.prt，如图 2-246 所示。

应用案例 2-4

2）在"文本"对话框中选择默认的"平面副"，选择"指定点"，再选择模型的左上角位置，确定坐标系。在"文本属性"文本框中输入"Good"，通过拖拽坐标系的 XC 轴箭头或在浮动文本框输入"25"，调整文本的高度和长度，如图 2-247 和图 2-248 所示。单击"确定"按钮，完成绘制文本。

图 2-245 "文本"对话框

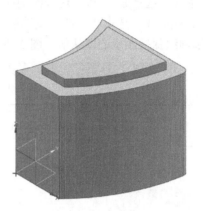

图 2-246 预制模型

图 2-247 "文本"对话框参数

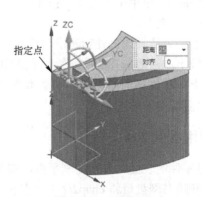

图 2-248 平面副文本

3）在"文本"对话框中选择"曲线上"，选择"选择曲线"，选择模型凸台上的棱线，在"文本属性"文本框中输入"Good"，调整文本的高度和长度，如图 2-249 所示，单击"确定"按钮，完成绘制文本。

4）在"文本"对话框中选择"面上"，选择"选择面"，选择模型的前表面；选择"选择曲线"，选择模型的前表面上的曲线，在"文本属性"文本框中输入"华为"，调整文本的高度和长度，如图 2-250 所示，单击"确定"按钮，完成绘制文本。

2. 曲线的操作

曲线操作是指对已存在的曲线进行几何运算处理，如曲线偏置、桥接、投影、合并等。在曲线生成过程中，由于多数曲线属于非参数性曲线类型，一般在空间中具有很大的随意性和不确定性。通常创建完曲线后，并不能满足用户要求，往往需要借助各种曲线的操作命令来不断调整，对曲线做进一步的处理，从而满足用户要求。

（1）桥接

桥接是指在现有几何体之间创建桥接曲线并对其进行约束，可用于连接两条分离的曲线（包括实体、曲面的边缘线）。在桥接过程中，系统实时反馈桥接的信息，如桥接后的曲线形状、曲率梳等，有助于分析桥接效果。

单击"曲线"菜单中"桥接曲线"按钮 ⁓，弹出图 2-251 所示的"桥接曲线"对话框。操作过程如下。

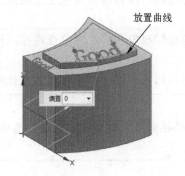

图 2-249　曲线上文本

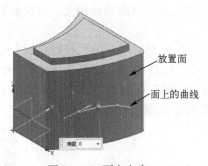

图 2-250　面上文本

图 2-251　"桥接曲线"对话框

1）选择"起始对象"，即第一条曲线。

2）选择"终止对象"，即第二条曲线。

3）设置"桥接曲线"对话框中的选项。

4）单击"确定"按钮即可完成曲线的桥接。

在图 2-251 所示的"桥接曲线"对话框中，"连续性"选项用于设置桥接曲线与已知曲线之间的连接方式，它包含 4 种方式，其含义如图 2-252 所示。

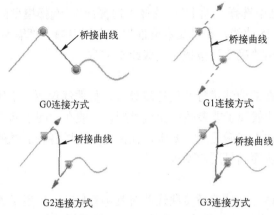

图 2-252　桥接的四种方式

① G0（位置）。选择该方式，则生成的桥接曲线与起始对象和终止对象在连接点处只是自由连接，不受任何约束。

② G1（相切）。选择该方式，则生成的桥接曲线与起始对象和终止对象在连接点处相切连接，且为三阶样条曲线。

③ G2（曲率）。选择该方式，则生成的桥接曲线与起始对象和终止对象在连接点处曲率连接，且为五阶或者七阶样条曲线。

④ G3（流）。选择该方式，则生成的桥接曲线与起始对象和终止对象在连接点处流线式连接。

特别提示

桥接曲线的起始对象和终止对象的连接方式由"桥接曲线"对话框"连接"选项组中的"开始""结束"两个选项卡来控制。

（2）投影

投影是指将曲线或点沿某一个方向投影到已有的曲面、平面或参考平面上。投影之后，系统可以自动连接输出的曲线，但是如果投影曲线与面上的孔或面上的边缘相交，则投影曲线会被面上的孔和边缘所修剪。

单击"曲线"菜单中"投影曲线"按钮 🖾，弹出图 2-253 所示的"投影曲线"对话框。首先选择"要投影的曲线或点"，然后在"要投影的对象"选项组中选择"选择对象"或"指定平面"，选择投影面，最后单击"确定"按钮或单击鼠标中键完成并退出命令。对话框中的"投影方向""缝隙""设置"选项组及"预览"选项通常保持系统默认设置。

 应用案例 2-5

利用"投影曲线"命令，在非平面的表面创建一个相关的密封沟槽，操作步骤如下。

1）打开随书网盘资料 chap2/2-3/投影.prt，如图 2-254 所示。

2）单击"投影曲线"按钮，打开"投影曲线"对话框，确认"设置"选项组中的"关联"为选中状态。

3）在上边框条中将"曲线规则"设置为"面的边"，选择实体模型上表面。

4）在"要投影的对象"选项组中，"指定平面"选择基准坐标系的 XOY 平面，"投影矢量"选择"-ZC"，其他为默认项。结果如图 2-255 所示。

图 2-253 "投影曲线"对话框

图 2-254 预制模型

5）偏置曲线。单击"偏置曲线"按钮，选择投影曲线为要偏置的曲线，距离为"10"，方向向内，如图 2-256 所示。

图 2-255 投影曲线

图 2-256 偏置曲线

6）再次投影。单击"投影曲线"按钮。在上边框条中将"曲线规则"设置为"相连曲线"。选择偏置形成的曲线，投影对象为模型上表面，投影矢量为"ZC"，结果如图 2-257 所示。

7）单击"主页"菜单中"更多"按钮，在子菜单中选择"管"，"路径曲线"选取上文投影的曲线，外径输入"5"，布尔运算选择"减去"。将全部曲线移动至图层41，单击"确定"按钮，结果如图 2-258 所示。

8）保存，关闭部件。

（3）相交曲线

创建两组对象之间的相交曲线，对象可以是平面、曲面、实体表面、基准平面或坐标平面等。相交曲线与对象相关并与其一起更新。

两个基准平面相交将产生不相关的直线，延伸至视图的边界。如果要求相关性，应建立基准轴。

图 2-257　投影曲线到实体表面

图 2-258　创建密封沟槽

单击"曲线"菜单中"相交曲线"按钮，弹出图 2-259"相交曲线"对话框。在"第一组"选项组中单击，选择曲面、平面或新创建一平面，在"第二组"选项组中单击，选择相交的另一曲面、平面或创建一平面，最后单击"确定"按钮或单击鼠标中键完成并退出命令。对话框中"设置"选项组和"预览"选项通常保持系统默认设置。

应用案例 2-6

应用案例 2-6

利用"相交曲线"命令，在非平面的表面创建一个相关的密封沟槽。操作步骤如下。

1）打开随书网盘资料 chap2/2-3/相交.prt，如图 2-260 所示。

图 2-259　"相交曲线"对话框

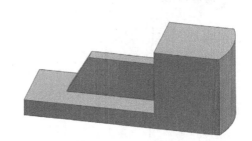

图 2-260　预制模型

2）新建基准面。单击"主页"菜单中"基准平面"按钮，利用"自动判断"的方式，与模型下部水平面重合，建立基准面，如图 2-261 所示。

3）单击"相交曲线"按钮，打开"相交曲线"对话框，确认"设置"选项组中的"关联"为选中状态。"第一组"面选择新创建的基准面，将上边框条中的"面规则"切换为"体的面"；"第二组"面选择模型竖直面，结果如图 2-262 所示。

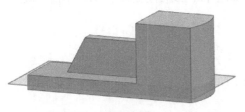

图 2-261　新建基准面

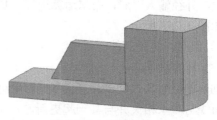

图 2-262　相交曲线

4）单击"主页"菜单中"更多"按钮，在子菜单"修剪"选项组中选择"分割面"选项 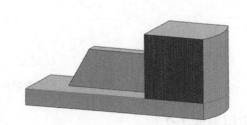 分割面 ，弹出如图 2-263 所示的"分割面"对话框。将上边框条中的"面规则"切换为"单个面"。在"分割面"对话框中"要分割的面"选择模型前部竖直面，"分割对象"选择上交生成的相交线，结果如图 2-264 所示。

图 2-263 "分割面"对话框

图 2-264 分割后的效果

特别提示

也可以在"要分割的面"中，一次性选择多个面，"分割对象"选择相交线后一次分割多个面。

5）单击"主页"菜单中"拔模"按钮 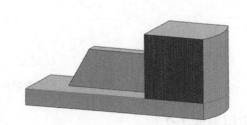，弹出图 2-265 所示的"拔模"对话框。拔模方向默认为"ZC"方向，"选择固定面"选择新建的基准面，"要拔模的面"选择 4 个竖直面，"角度 1"为"10"，结果如图 2-266 所示。

图 2-265 拔模参数

图 2-266 拔模结果

（4）缠绕/展开

缠绕/展开是指将曲线缠绕到圆柱面或圆锥面上，或者是将圆柱面或圆锥面上的曲线展开到一个平面上。

单击"曲线"菜单中"缠绕/展开曲线"按钮 ，弹出图 2-267 所示的"缠绕/展开曲线"对话框。

图 2-267 "缠绕/展开曲线"对话框

 应用案例 2-7

利用"缠绕曲线"命令，将一条曲线缠绕到一个圆柱面上，产生的相关缠绕曲线作为凸轮导槽，操作步骤如下。

应用案例 2-7

1）打开文件 chap2/2-3/缠绕.prt，如图 2-268 所示。

2）单击"曲线"菜单中"缠绕/展开曲线"按钮 ，打开"缠绕/展开曲线"对话框。类型选择"缠绕"，按照图 2-269 所示意图的说明指定缠绕曲线、缠绕表面和平面。结果如图 2-270 所示。

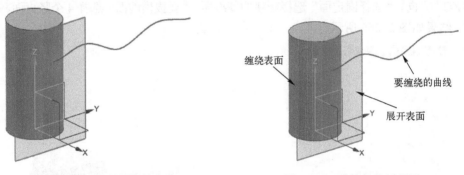

图 2-268 预制模型　　　　　　　　　　图 2-269 缠绕操作示意图

3）利用"主页"菜单中的"管"命令，以上文创建的缠绕曲线为路径，创建直径为"5"的导槽，结果如图 2-271 所示。

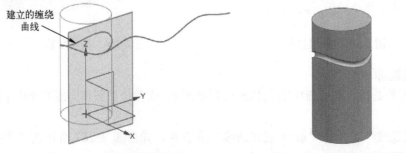

图 2-270 建立的缠绕曲线　　　　　　　图 2-271 创建的凸轮导槽

2.3.3 曲面的创建与编辑

曲面造型一般有 3 种应用类型：一是原创产品设计，由草图或曲线建立曲面模型；二是根据二维图样进行曲面建模，即所谓图样建模；三是逆向工程，即点测绘建模。本节介绍第二种类型的一般实现步骤。

图样建模过程可分为两个阶段：

第一阶段是建模分析，确定正确的建模思路和方法。

1）在正确识图的基础上将产品分解成单个曲面或面组。

2）确定每个曲面的类型和生成方法，如直纹面、拔模面或扫掠面等。

3）确定各曲面之间的连接关系（如倒角、裁剪等）和连接次序。

第二阶段是建模的实现，包括以下内容。

1）根据图样在 CAD/CAM 软件中画出必要的二维视图轮廓线，并将各视图变换到空间的实际位置。

2）针对各曲面的类型，利用各视图中的轮廓线完成各曲面的建模。

3）根据曲面之间的连接关系完成倒角、裁剪等工作。

4）完成产品中结构部分（实体）的建模。

显然，第一阶段是整个建模工作的核心，它决定了第二个阶段的操作方法。

可以说，在用 CAD/CAM 软件画第一条线之前，已经在设计者头脑中完成了整个产品的建模，做到胸有成竹。第二阶段的工作只不过是第一阶段工作的在某一类 CAD/CAM 软件上的反映而已。在一般情况下，曲面建模只要遵守以上步骤，再结合一些具体的实现技术和方法，不需要特别的技巧即可解决大多数产品的建模问题

1. 由曲线构建曲面

利用曲线构建曲面在工程上应用非常广泛，例如，飞机的机身、机翼等，原始输入数据是若干截面上的点，一般先将其生成样条曲线，再构建曲面。此类曲面至少需要两条曲线，这种方法生成的曲面与曲线之间具有关联性，即对曲线进行编辑后曲面也将随之变化。这里所指的曲线可以是曲线、片体的边界线、实体表面的边、多边形的边等。由曲线构建曲面骨架进而构建的曲面，如直纹面、通过曲线、过曲线网格、扫掠、截面线等，此类曲面与曲线之间也具有关联性，即当构建曲面的曲线进行编辑修改后，由曲线构建的曲面会自动更新，工程上大多采用这种方法。在 UG NX 中由曲线构建曲面的方法一般采用如下两种方法。

1）已知条件为具有两到多条大致平行的截面曲线时，使用直纹、通过曲线组、截面线等命令。

2）若有纵横两组曲线，每一组内部曲线大致平行，纵横两组曲线之间大致正交，使用通过曲线网格、扫掠曲线命令。

（1）直纹

直纹曲面是指通过两条曲线轮廓，在线性过渡的两个截面之间生成直纹片体或者实体。其中这两条线性过渡的曲线轮廓称为截面线串，可以有两个或多个对象组成，每个对象可以是曲线、实体或实体表面，也可以选择曲线的点或端点作为两个截面线串的第一个，但是该方式需要将"调整"设置为"参数"或"圆弧长"方式才可以使用。

单击"曲面"菜单，在"曲面"命令组工具栏区域单击"更多"子菜单中"直纹"按钮 直纹，弹出"直纹面"对话框。可以通过两组截面线串生成直纹曲面。所选择的截面线串可以是多条连

续的曲线或实体边线。

（2）通过曲线组

"通过曲线组"命令可以通过多条轮廓曲线或截面线串创建曲面。此时曲线将贯穿所有截面，并且生成的曲面与截面线串相关联，即当截面线串编辑修改后曲面随之相应更新。如果该组截面线串都是封闭曲线，则生成实体。

在"曲面"命令组工具栏区域单击"通过曲线组"按钮 ，弹出"通过曲线组"对话框，如图 2-272 所示。可以通过选择一系列截面曲线生成曲面，所选择的曲线可以是多条连续的曲线或实体边线。如图 2-273 所示。

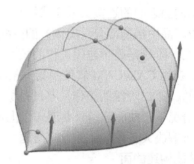

图 2-272　"通过曲线组"对话框　　　　图 2-273　创建通过曲线组的曲面

（3）通过曲线网格

"通过曲线网格"命令通过在误差范围内纵横两组曲线网格曲线来构建曲面，每组曲线至少有两个截面曲线，此时直纹形状匹配曲线网格。两组曲线应该大致互相垂直，其中，一个方向的曲线称为主曲线，另一个方向的曲线称为交叉曲线。"通过曲线网格"命令生成的曲面是双 3 次的，即 U、V 方向都是 3 次的。由于是两个方向的曲线，构建的曲面不能保证完全过两个方向的曲线，因此用户可以强调以哪个方向为主，曲面将通过主方向的曲线，而另一个方向的曲线则不一定落在曲面上，可能存在一定的误差。

在"曲面"命令组工具栏区域单击"艺术曲面"子菜单中"通过曲线网格"按钮 ，弹出"通过曲线网格"对话框。如图 2-274 所示。由"通过曲线网格"命令构建的曲面如图 2-275 所示。

（4）扫掠曲面

扫掠曲面是指通过将曲线以预先定义的方式沿空间运动路径所掠过的空间形状来创建曲面。运动的曲线轮廓称为截面线，截面线串控制曲面的大致形状和 U 向方位，它可以由单条或多条曲线组成，截面线不必是光滑的，但必须是位置（G0）连续的。截面线和引导线可以不相交，截面线最多可以选择 400 条。

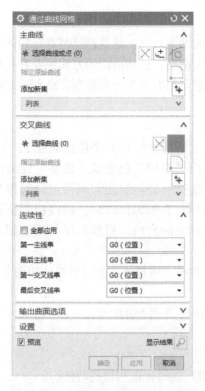

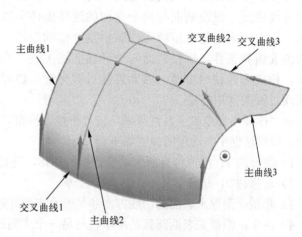

图 2-274 "通过曲线网格"对话框　　　　图 2-275 创建通过曲线网格曲面

"扫掠曲面"命令通过指定的运动路径为引导线，即将截面线沿引导线运动扫描，用于在扫掠方向上控制扫掠体的方位和比例。每条引导线可以是单段或多段曲线组成，但必须是光滑（G1）连续的。引导线的条数可以为 1～3 条。它是曲面类型中最复杂、最灵活、最强大的一种，可以控制比例、方位的变化。

在"曲面"命令组工具栏区域单击"扫掠曲面"按钮 ，弹出"扫掠曲面"对话框。选择若干组曲线为截面线，以及若干组曲线为引导线，通过扫掠构建一个曲面。截面线可以由多段连续的曲线组成，构成扫掠曲面的 U 向；引导线可以由多段相切曲线组成，引导线构成扫掠曲面的 V 向。

特别提示

"扫掠曲面"命令根据所选择的引导线数目的不同，需要不同的附加条件。在几何上，引导线即母线，根据三点确定一个平面的原理，最多可设置 3 条引导线。

---

2. 由曲面构建曲面

由曲面构建曲面，又称派生曲面构建方法，是指在其他曲面的基础上进行曲面构建。利用已有的曲面构建新的曲面，如桥接、N-边曲面、延伸、按规律延伸、放大、曲面偏置、粗略偏置、扩大、偏置、大致偏置、曲面合成、全局形状、裁剪曲面、过渡曲面等构建方法。派生曲面构建方法对于模型外形复杂的多补片类型特别有用，因为复杂曲面往往是先用上述方法构造出大的曲面后，再填补和完善曲面之间的空当，因此必须借助现有的曲面片体进行操作。这类曲面大部分是参数化的，编辑修改基面，新的曲面也会随之相应更新。

（1）延伸曲面

在曲面设计中经常需要将曲面向某个方向延伸，以扩大曲面片体。这是在已经存在的曲面的基础上，通过曲面的边界或者曲面上的曲线进行延伸，扩大曲面。延伸曲面的方式主要有相切延伸、圆弧延伸以及规律延伸。延伸的曲面是独立曲面，如果与原有曲面一起使用，必须通过缝合特征构成一个曲面。

（2）桥接曲面

桥接曲面是在两个主曲面之间构造一个新曲面，通过桥接曲面在两个曲面间建立一个光滑的过渡曲面，过渡曲面与两个曲面的连续条件可以采用"相切"连续或"曲率"连续两种方法。同时，为了进一步精确控制桥接片体的形状，可选择另外两组曲面或两组曲线作为曲面的侧面边界条件。桥接曲面与边界曲面相关联，当边界曲面编辑修改后，桥接曲面会自动更新。桥接曲面使用方便，曲面连接过渡光滑，边界条件灵活自由，形状编辑易于控制，是曲面间过渡的常用方法。

在"曲面"命令组工具栏区域单击"桥接"按钮 ，弹出"桥接曲面"对话框，如图 2-276 所示。该对话框中各选项的说明如下。

1）选择边 1：模型中有两个需要连接的片体，选择其中一个片体的边缘。

2）选择边 2：选择另外一个片体的边缘。

3）相切：沿原来表面的切线方向和另一个表面连接。

4）曲率：沿原来表面圆弧曲率半径与另一个表面连接，同时保证相切的特性。

应用案例 2-8

通过桥接曲面操作，将两个不连续的曲面桥接在一起，操作步骤如下。

1）打开随书网盘资料 chap2\2-3\桥接.prt。

2）单击"基本"工具栏"更多"子菜单中"桥接"按钮 桥接，打开"桥接曲面"对话框，如图 2-276 所示。

3）选择边 1 和边 2，单击"确定"按钮创建桥接曲面。操作过程如图 2-277 所示。

应用案例 2-8

图 2-276　"桥接曲面"对话框

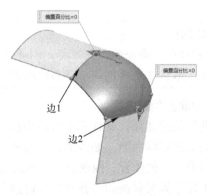

图 2-277　创建桥接曲面操作

特别提示

选择曲面后将出现一个箭头，表示桥接的边界及方向。选择曲面时应靠近希望产生桥接曲面的边缘，并注意桥接方向，否则将生成不同的曲面。

（3）扩大曲面

"扩大"命令可通过创建与原始面关联的新特征，更改修剪或未修剪片体或面的大小。可以根据给定的百分率更改特征的每个边。当使用片体创建模型时，扩大建造片体是一个良好的习惯，这可以消除下游实体建模的问题。"扩大"命令可以在保持片体当前参数的同时进行操作；还可以使用该命令来减小片体的大小，如移除退化边。

在"编辑曲面"命令组工具栏区域单击"扩大"按钮 ，弹出"扩大曲面"对话框。选择需要扩大的曲面，并拉动对话框中的滑尺，即可实现曲面的扩大或缩小。

（4）修剪片体

在曲面设计中，构建的曲面长度往往大于实际模型的曲面长度，利用"修剪片体"命令可把曲面修剪成所需要的曲面形状。

单击"组合"工具栏中的"修剪片体"按钮 ，弹出"修剪片体"对话框。选择目标片体、裁剪边界对象，指定投影矢量，即可修剪保留或舍弃的区域。

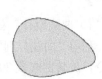

应用案例 2-9

通过修剪已经存在的曲面，创建新的曲面。操作步骤如下。

1）打开随书网盘资料 chap2\2-3\修剪.prt。

2）单击"组合"工具栏中的"修剪片体"按钮 ，弹出"修剪片体"对话框、如图 2-278 所示。选择曲面为目标片体，曲线为边界对象，"投影方向"为"沿矢量"，"指定矢量"为"-XC"，操作方法如图 2-279 所示。单击"确定"按钮，完成修剪片体操作，结果如图 2-280 所示。

图 2-278 "修剪片体"对话框

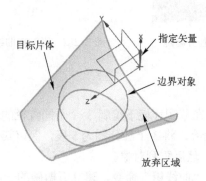

图 2-279 修剪片体操作　　图 2-280 修剪后的片体

2.3.4 面的实体化

1. 缝合

"缝合"命令能将两个或多个片体结合为一个片体，若所缝合的片体为封闭的，则可创建实体。如所选取的片体形成闭合空间，则会产生实体。选择"插入"→"组合体"→"缝合"命令，或单击"组合"工具栏中的"缝合"按钮 ，打开"缝合"对话框。选择目标片体和工具片体，即可完成片体的缝合。

特别提示

对于封闭片体的缝合，UG NX 会自动生成实体，如果经过检查缝合后没有形成实体，那是因为片体间存在的缝隙大于设置的误差值，将设置的误差值适当放大后就会得到实体。

---

2. 加厚

UG NX 创建的片体经过修剪、缝合、面圆角、曲面编辑等操作后，最后得到的曲面有两种情况：一种是开放的曲面，另一种是封闭的曲面。

如果曲面是开放的，可以用"加厚"命令将曲面转化为实体。单击"基本"命令组工具栏中"加厚"按钮 ◎，弹出"加厚"对话框，选择需要加厚的曲面，在"厚度"选项组里输入相应的偏置数值，就可以由曲面得到实体。

2.3.5 综合实例——五瓣碗设计

结合前面介绍的实体建模命令，并运用适当的曲面命令，可以完成特殊外形的产品建模设计。本节以实例的形式介绍曲线和曲面建模的具体过程和步骤。

2.3.5 综合实例——五瓣碗设计

设计要求

图 2-281 所示是北宋青白釉五瓣碗，繁昌窑，高 4.5cm，口径 12.4cm。

图 2-282 所示是设计好的曲线模型，图 2-283 所示是曲面模型。

图 2-281 北宋青白釉五瓣碗

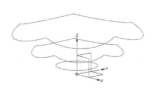

图 2-282 五瓣碗曲线模型

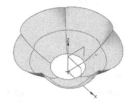

图 2-283 五瓣碗曲面模型

设计思路

1）曲线设计。首先在草图环境下绘制 3 个不同直径的圆，投影在 3 个基准面上，转化为曲线。利用"曲线分割"命令，将 3 个圆分割为 5 段，保留其中一段，利用"编辑"→"移动对象"命令，旋转曲线段 20°，然后阵列对象。

2）曲面设计。利用"曲线组"命令，建立五瓣碗的一组曲面；通过阵列建立五瓣碗的 5 个瓣的曲面；缝合曲面形成五瓣碗曲面模型。

3）实体模型设计。使五瓣碗曲面增厚 2.5，建立碗的外轮廓曲面。接着利用拉伸的方法制作碗托，对碗缘及碗托部分进行细节设计。

 设计步骤

（1）创建五瓣碗曲线模型

1）新建文件。启动 UG NX，新建模型文件，命名为"五瓣碗"，进入建模环境。

2）绘制草图，绘制同心圆。以 XOY 面为草图面，分别绘制直径为 40、80 和 110 的 3 个圆，如图 2-284 所示。

3）创建基准平面。单击"特征"命令组工具栏中"基准平面"按钮 ◈，打开"基准平面"对话框，以默认的"自动判断"方式创建 3 个基准平面。"要定义平面的对象"选择 XOY 面，偏置距离分为 8、25、45，如图 2-285 所示，结果如图 2-286 所示。

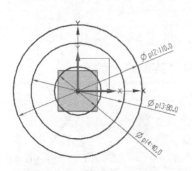

图 2-284　绘制 3 个圆

图 2-285　"基准平面"对话框

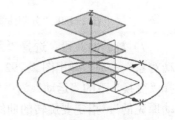

图 2-286　创建 3 个基准平面

4）投影圆。单击"曲线"菜单中"派生"命令组工具栏中"投影曲线"按钮 ◈，弹出图 2-287 所示的对话框。要投影的曲线分别选择 3 个圆，投影平面选择上文创建的 3 个基准平面，如图 2-288 所示。

图 2-287　"投影曲线"对话框

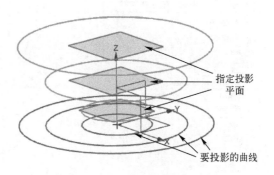

图 2-288　创建投影曲线

5）分割曲线。选择"编辑"→"曲线"→"分割曲线"命令，弹出图 2-289 所示的"分割曲线"对话框。分割方法选择"等分段"，"段长度"选择"等参数"，"段数"为"5"。分别选择创建的 3 条投影曲线，各条曲线被分割为 5 个等分段。

6）创建基准轴。单击"主页"菜单，返回主页面。单击"构造"命令组工具栏中"基准轴"按钮 ，弹出"基准轴"对话框，如图 2-290 所示。选择曲线被分割后的两个相邻断点，创建基准轴。以相同的方法继续创建另外一个基准轴，结果如图 2-291 所示。

图 2-289 "分割曲线"对话框

图 2-290 "基准轴"对话框

7）旋转曲线段。选择"菜单"→"编辑"→"移动对象"命令，弹出图 2-292"移动对象"对话框。选择"变换"下的"运动"为"角度"，"结果"选择"移动原先的"。指定要旋转的曲线段，旋转矢量为上文创建的基准轴，角度值输入"20"，结果如图 2-293 所示。

8）重复步骤 7），旋转直径为 80 的圆的曲线段。

9）阵列曲线段。单击"主页"菜单，返回主页面。单击"基本"命令组工具栏"更多"下拉菜单中"阵列几何特征"按钮 ，打开"阵列几何特征"对话框，如图 2-294 所示。选择旋转后的曲线段，阵列布局为"圆形"，"指定矢量"为"ZC"，"数量"和"节距角"分别为"5"和"72"。

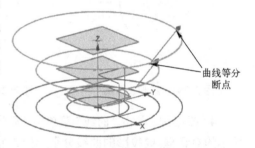

图 2-291 创建基准轴

图 2-292 "移动对象"对话框

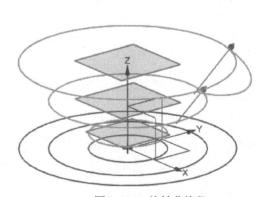

图 2-293 旋转曲线段

10）重复步骤 9），阵列直径为 80 的圆的曲线段，结果如图 2-295 所示。

图 2-294 "阵列几何特征"对话框

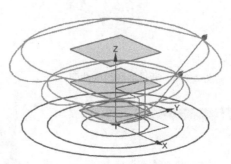

图 2-295 阵列曲线

11）图层设置。将草图移至 21 层，基准平面移至 62 层，基准轴移至 63 层；分割的曲线段移至 41 层，结果如图 2-296 所示。

（2）创建五瓣碗曲面模型

1）建立曲面。单击"曲面"菜单中"基本"命令组工具栏中"通过曲线组"按钮，弹出图 2-297 所示的对话框。选择同一个"瓣"的 3 组曲线，注意曲线方向要一致，形成一个曲面，如图 2-298 所示。

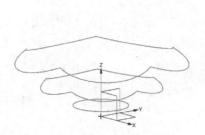

图 2-296 五瓣碗曲线模型

图 2-297 "通过曲线组"对话框

2）重复步骤 1），建立 5 个曲面，如图 2-299 所示。

3）缝合曲面。单击"曲面"菜单，单击"组合"命令组工具栏中"缝合"按钮，弹出图 2-300 所示的"缝合"对话框。选择一个面为目标曲面，其余 4 个面为工具曲面，如图 2-301

所示。

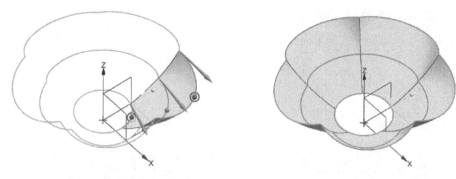

图 2-298　通过曲线组的曲面　　　　　　图 2-299　五瓣曲面

图 2-300　"缝合"对话框

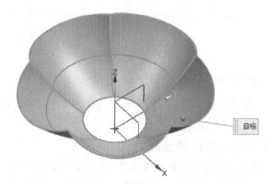

图 2-301　缝合 5 个曲面

（3）五瓣碗实体模型设计

1）加厚曲面。单击"曲面"菜单，单击"基本"命令组工具栏中"加厚"按钮 ，弹出图 2-302 所示的"加厚"对话框。选择缝合后的曲面，厚度为"2.5"，如图 2-303 所示

图 2-302　"加厚"对话框

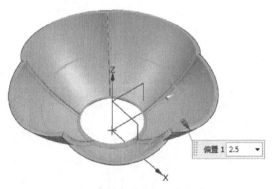

图 2-303　加厚曲面

2）拉伸碗托。单击"主页"菜单，返回主页面。单击"基本"命令组工具栏中"拉伸"按钮 ，弹出"拉伸"对话框，如图 2-304 所示。选择直径为 40 的 5 段曲线为截面线，方向为"-ZC"，结束距离为"8"。选择"偏置"为"单侧"，偏置值为"1.5"，如图 2-305 所示。

图 2-304 "拉伸"对话框 1

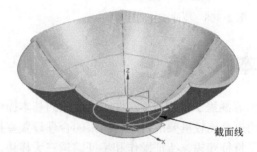

截面线

图 2-305 拉伸碗托

3）图层操作。将曲线移至 42 层，曲面移至 81 层，结果如图 2-306 所示。

4）拉伸碗托凹槽。单击"特征"命令组工具栏中"拉伸"按钮，弹出"拉伸"对话框，如图 2-307 所示。选择碗托底部外缘为截面线，方向为"ZC"，结束距离为"5"。选择"偏置"为"单侧"，偏置值为"-3"，如图 2-308 所示。

图 2-306 实体模型

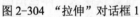

图 2-307 "拉伸"对话框 2

5）倒圆。碗托根部及底部倒圆，五瓣碗内部及外部棱线倒圆，五瓣碗上部棱线倒圆。

6）调整五瓣碗颜色，结果如图 2-309 所示。

图 2-308　拉伸碗托凹槽

图 2-309　五瓣碗模型

2.4　本章小结

本章内容涵盖了 UG NX 软件实体建模的基本操作，包括草图、特征建模、曲线和曲面。在草图中，约束是比较重要的内容，约束的合理设置直接决定草图绘制的效率与准确性；特征建模部分介绍了特征建模、特征操作和特征编辑三大模块，其中特征建模模块具体包括创建基本体素特征、布尔操作、创建扫描、设计以及细节特征等，熟练掌握特征命令有利于快速进行复杂的三维模型的创建；曲线是曲面建模的基础，曲面建模用于构造用标准建模方法无法创建的复杂形状，它既能生成曲面，也能生成实体。

2.5　思考与练习

1）简述创建草图的一般过程。

2）简述创建曲面或曲面实体的一般步骤。

3）曲面实体建模。创建图 2-310 所示的头盔，头盔宽 260，长 370，高 255。三维模型如图 2-311 所示。

图 2-310　头盔

图 2-311　头盔模型

 设计思路

首先在草图环境下绘制两个椭圆并适当修剪，利用"扫掠"命令生成曲面模型。绘制草图曲线，拉伸成曲面，利用"修剪"命令修剪头盔下部。最后曲面加厚 6mm，绘制两侧直径为 12mm 的小孔。

4）绘制图 2-312 所示的零件三维模型

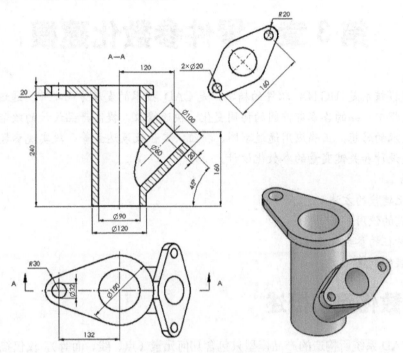

图 2-312　零件模型

5）打开随书网盘资料 chap2\exercise\ex2_1.prt，利用曲面扫描创建图 2-313 所示的茶壶模型（参照\chap2\exercise\ex2_1done.prt）。

图 2-313　茶壶

第3章 零件参数化建模

参数化建模技术是 UG NX 软件的精华，是 CAD 技术的发展方向之一。通过参数化设计，可实现设计过程中产品的各零部件间的协同变化、快速修改，提高产品设计的效率。因此，理解掌握参数化技术的思想，正确应用通过草图、特征、定位及表达式等手段实现参数化建模，实现部件的全相关设计和关键变量的参数化设计。

学习目标

☐ 参数化建模的方法

☐ 表达式的使用

☐ 基于特征的参数化建模

☐ 部件族的创建

3.1 参数化建模概述

传统的 CAD 系统所构造的产品模型只包含几何元素（点、线、面等），仅仅描述了产品的可视形状，而不包含产品的设计思想（即产品的几何元素间的拓扑关系和约束关系），因此不能使产品模型随几何尺寸的变化而改动。参数化设计在 CAD 系统中是通过尺寸驱动实现的，能够将产品的设计要求、设计目标、设计原则、设计方法与设计结果用可以改变的参数和明确统一的模型来表示，以便在人机交互过程中根据实际情况加以修改。

3.1.1 参数化建模的方法

参数化设计是一种以全新的思维方式来进行产品的创建和修改设计的方法，它用约束来表达产品几何模型的形状特征，定义一组参数以控制设计结果，从而能够通过调整参数来修改设计模型，并能方便地创建一系列在形状或功能上相似的设计方案。设计人员在更新或修改图形时，无须再为保持约束条件而操心，可以真正按照自己的意愿动态地、创造性地进行新产品设计。

参数化设计方法大致可以分为尺寸驱动法和变量几何法，常用的是尺寸驱动法。尺寸驱动的几何模型由几何元素、尺寸元素和拓扑元素三部分组成。当修改某一尺寸时，系统自动检索该尺寸在尺寸链中的位置，找到它的起始几何元素和终止几何元素，使它们按新尺寸值进行调整，得到新模型，接着检查所有几何元素是否满足约束。如不满足，则让拓扑约束不变，按尺寸约束递归修改几何模型，直到满足全部约束条件为止。尺寸驱动法一般用于结构形状基本定形，可以用一组参数来约束尺寸关系的设计对象。生产中最常用的系列化零件就属于这一类。其本质是在保持原有图形的拓扑关系不变的基础上，通过修改图形的尺寸（即几何信息），从而实现产品的系列化设计。

参数化设计突出的优点是快速、准确，传递数据可靠，特别是对外形结构形式相似的零件设计。在实际工程设计中，经常会遇到系列产品的设计工作。这些产品在结构上基本相同，但由于使用场合、工况的差别,在结构尺寸上形成了一个系列。对于这类设计任务,如果再进行重复的建模,势必给工程设计人员带来巨大的重复工作量,也延长了设计周期。引进参数化设计理论能够很好地解决这个问题,提高设计效率。三维参数化设计中经常用到的概念有约束、尺寸驱动、数据相关等。

（1）约束

约束是利用一些法则或限制条件来规定构成实体的元素之间的关系。约束可分为尺寸约束和几何拓扑约束。尺寸约束一般指对大小、角度、直径、半径等这些可以具体测量的数值量进行限制;几何拓扑约束一般指平行、垂直、共线、相切等这些非数值的几何关系方面的限制,也可以形成一个简单的关系式约束,如一条边与另一条边的长度相等。全尺寸约束是将形状和尺寸联合起来考虑,通过尺寸约束来实现对几何形状的控制。参数化的几何模型必须以完整的尺寸参数为出发（全约束）,不能漏标注尺寸（欠约束）,也不能多标注尺寸（过约束）。

参数化技术的实质就是以几何约束系统表示产品的几何模型,并且实现产品几何模型的约束驱动,即在确定产品几何约束模型之后,通过给予特定约束值自动地生成或改变产品的几何模型。

（2）尺寸驱动

通过约束推理确定需要修改某一尺寸参数时,系统自动检索出此尺寸参数对应的数据结构,找出相关参数计算的方程组并计算出参数,驱动几何图形状的改变。

尺寸驱动的原理是将尺寸标注的变化自动转化成几何形状的相应变化。尺寸驱动技术就是根据尺寸约束,用计算的方法自动将尺寸的变化转换成几何形体的相应变化,并且保证变化前后的结构约束保持不变。其过程如图3-1所示。

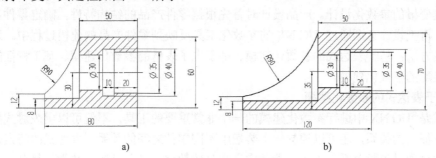

图3-1　原始图形及尺寸驱动后的图形

a) 原始图形　b) 尺寸驱动后的图形

（3）数据相关

尺寸参数的修改导致其相关尺寸得以更新。它彻底克服了自由建模的无约束状态,几何形状由尺寸控制。如打算修改零件形状,只需编辑一下尺寸的数值即可实现形状上的改变。

参数化模型是通过捕捉模型中几何元素之间的约束关系,将几何图形表示为几何元素及其约束关系组成的几何约束模型。参数化建模的关键在于建立几何约束关系。因此,所建立的参数化模型必须满足以下两点:

1）确定几何元素之间的约束关系,保证几何拓扑关系一致,维持图形的几何形状不变。

2）建立几何信息和参数的对应机制,图形的控制尺寸由一组参数约束,设计结果的修改受到尺寸的驱动,实现参数化设计。

三维参数化设计技术以约束造型为核心，以尺寸驱动为特征，允许设计者首先进行草图设计，勾画出设计轮廓，然后输入精确尺寸值来完成最终的设计。参数化造型技术的突出优点如下：

1）对设计人员的初始设计要求低，无须精确绘图，只要勾绘出草图即可，然后可通过适当约束得到所需精确图形。

2）便于系列化设计，一次设计成形后，可通过尺寸的修改得到同种规格零件的不同尺寸系列。

3）便于编辑、修改，能满足反复设计需要，当在设计中发现有不适当的部分时，设计者可通过修改约束而方便地得到新的设计。

图 3-2 所示是垫圈参数化示意图。图形的控制尺寸由参数 D1、D2 和 H 来约束；修改参数 D1 为 D1+△D1，D2 为 D2+△D2 后得到的图形，相应厚度 H 也有增加。尺寸变化前后图形的拓扑关系不变。

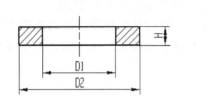 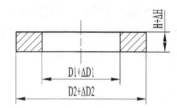

图 3-2　垫圈参数化驱动示意图

3.1.2　UG NX 软件的参数化建模

UG NX 软件的参数化建模，要求正确应用表达式、草图、特征等手段，实现部件的全相关设计和关键变量的参数化设计。产品设计时首先根据零件产品的结构特性，确定零件各个部分的拓扑关系，再把设计意图通过 UG NX 的参数化工具反映到零件产品的建模过程中。通常有 4 种参数化建模方法：基于表达式的参数化建模、基于电子表格的参数化建模、基于特征的参数化建模和基于装配的参数化建模。

1. 基于表达式的参数化建模

表达式是 UG NX 中进行参数化建模的一个非常重要的工具。不但可以用表达式控制同一零件上不同特征间的关系，还可以控制一个装配中不同零件之间的关系。表达式的特点是把零件参数之间的关系通过函数关系来表达，参数定义为具体数字、三角函数、数学计算公式，或者把几个参数用数学运算符连接使其产生关联。如果需要对零件形状进行编辑修改，只需改变表达式中一个或几个参数就可以实现。使用表达式还可以产生一个产品库，通过改变表达式的值，可以将一个产品转为一个带有同样拓扑关系的新产品。

在 UG NX 表达式操作中，可以对零件不同部位的尺寸进行精确命名，便于表达式识别，同时也利于查找。对表达式也可以添加注解，用来描述该表达式的含义。例如，齿轮的分度圆直径可以表达为齿轮齿数的函数。当齿轮的齿数发生变化时，只需修改齿数参数，则齿轮的分度圆直径也自动随之改变。

2. 基于电子表格的参数化建模

在表达式操作命令中，UG NX 提供了 4 种电子表格，即通用的电子表格、"用户入口"（Gateway）电子表格、编辑表达式的电子表格和建模应用电子表格。每一种电子表格与部件的关系都略有差异，其功能都略有不同。电子表格能作为.prt 文件保存。在电子表格中可以对表达式进行编辑，也可以创建函数公式和注解等信息。为了更好地使用这些强大的参数化工具进行建模设计，在建模之初就应提前理清思路，以减少反复修改的工作量。

电子表格的创建步骤。首先是创建参数化模型，然后是创建电子表格。参数化模型创建后，模型中的尺寸和位置含有若干参数，创建电子表格后，需把这些参数提取出来，传输到电子表格中。根据需要对这些参数分别定义，使参数与模型尺寸和位置分别对应。通过使用电子表格，使得模型尺寸与表格中的参数建立了联系。若想对模型结构进行调整，可以直接通过修改电子表格中的若干参数来轻松实现。此时的参数化模型也可通过改变参数成为多个同结构不同尺寸和位置的新的模型零件，可大大减少重新建立模型、修改模型所花费的时间和精力，提高了工作效率。

3. 基于特征的参数化建模

基于特征的参数化建模是将特征造型技术与参数化技术有机结合起来的一种建模方法，主要是将参数化建模的思想用于特征造型技术中，用尺寸驱动或变量设计的方法实现参数化特征造型。它是参数化建模的一种最基本和最重要的方法。

特征是组成零件实体模型的基本元素，是具有属性，与设计、制造活动有关，并含有工程意义的基本几何实体（或包含信息）的集合。既能方便描述零件的几何形状，又能为加工、分析及其他工程应用提供必要和充分的信息，因而特征是面向整个产品设计过程和制造过程的。

机械零部件特征类型包括形状特征、装配特征、精度特征、性能分析特征、补充特征（如成组编码）等。其中，形状特征为最基本的特征，为其他特征的载体。

基于特征的参数化建模的关键是形状特征及其相关尺寸的变量化描述，主要是采用参数化定义的特征，应用约束定义和修改几何模型，实现尺寸和形状的变更。特征本身是参数化的，它们之间的构成是变量化的，即由尺寸（参数）驱动。当修改某一尺寸时，系统自动按照新尺寸值进行调整，生成新的几何模型。如遇到几何元素不满足约束条件，则保持拓扑约束不变，按尺寸约束修改几何模型。

UG NX 软件中的特征与上述特征含义类似，常用的设计特征分类如下。

1）设计特征。指直接构造实体的特征，如块、圆柱、圆锥、拉伸、旋转、孔、凸台、凸垫、槽等。

2）曲面特征。指曲面造型的各种曲面特征。

3）基准特征。指造型过程中起辅助作用的非实体的几何体，如基准轴、基准面。

4）修饰特征。如倒角、螺纹等。

5）用户自定义特征。指由用户自定义的，或来自特征库的特征。

4. 基于装配的参数化建模

基于特征或草图的参数化建模可以完成体素特征明确、定位关系简单的零件的参数化建模，但无法实现部件的整体参数化建模以及复杂零部件的参数化建模。基于装配的参数化建模将装配关系引入参数化建模中，在参数化的零部件的基础上，利用装配关系进行零部件间的约束，并建立零部件间设计变量的函数关系。通过对设计变量的管理，实现了零部件间尺寸的联动，最终实现复杂零件以及整个部件的参数化建模。

装配模型通过建立零部件的几何模型及它们之间的装配信息描述，来表达设计意图、产品原理和功能，是一种支持概念设计和技术设计的产品模型。装配参数化建模是在零件参数化建模的基础上实现的，关键是要建立装配关系。所谓装配关系是零部件之间内在约束的体现，如配合、对齐等，表示零件之间的位置约束和尺寸约束。位置约束是指各零件在装配中的定位，而尺寸约束是用来规定装配尺寸参数与各零件尺寸主参数之间的约束关系，可以通过在装配尺寸参数与各零件尺寸主参数之间建立函数关系来实现。由于引入了装配关系和关联参数之间的函数关系，并将它们分别以装配关系表和函数关系驱动表的形式管理起来，因此就建立了装配零件之间的联系。当零件主参数或装配参数修改时，将传递给装配参数来确定零件位置，同时改变与此装配参数相关的零件尺寸。

基于装配关系的参数化建模的一般步骤如下。

1）建立参数化零件。对零部件进行形体分析，尽可能地简化模型，同时将复杂零部件分解为若干个单元分别进行参数化建模，对各图形元素建立几何约束和尺寸约束，根据尺寸驱动对零件进行参数化设计。

2）建立装配关系，完成零件的装配。建立装配关系，以确定各个零件在装配中的相对位置和约束关系，将各零件装配到相应的位置，完成零件的装配。

3）建立关联参数之间的函数驱动关系表。将构成装配模型的若干零部件与装配相关的参数进行关联，根据装配关系建立零部件主参数与装配参数之间的函数关系，实现零部件间尺寸的联动。需要注意的是应尽量减少装配关联参数的数目，这样可以减少参数间的传递数据量，减少关联参数间的函数关系式。

4）调整参数，验证模型。调整装配模型中零件主参数或装配参数，检验模型是否随之改变。

基于装配的参数化设计可以解决复杂模型某个部分无法定位的难题，能够依托零件参数实现跨部件超级链接。这种参数化建模方法是参数化设计的必然发展方向。

3.2　基于表达式的参数化建模

表达式在 UG NX 软件的参数化建模中是十分有意义的，它可以用来控制同一个零件上不同特征间的关系，或一个装配中的不同零件间的关系。运用表达式，可十分简便地对模型进行编辑；同时，通过更改控制某一特定参数的表达式，可以改变一实体模型的特征尺寸或对其重新定位。使用表达式也可产生一个零件族。通过改变表达式值，可将一个零件转为一个带有同样拓扑关系的新零件。

3.2.1　表达式的创建方法

表达式是定义一些特征特性的算术或条件公式。可以使用表达式来控制部件特征之间的关系或者装配中部件之间的关系。表达式可以定义、控制模型的诸多尺寸，如特征或草图的尺寸。表达式内的公式包括变量、函数、数字、运算符和符号的组合，可将表达式名插入其他表达式的公式字符串中。

表达式命名约定分为以下两类：

1）用户创建的用户表达式，也称之为用户定义的表达式。

2）系统表达式，指由 UG NX 软件创建的表达式。

1. 用户表达式

用户表达式是指通过明确指定表达式名称和值而创建的任何表达式。在模型建立过程中，在草图环境或建模环境下，根据控制图形变量的类型，如长度、角度等，确定表达式变量，选择量纲，输入对应的值即可。

新建一个表达式时，首先进入"工具"菜单页面，单击"表达式"按钮 = ，或按快捷键〈Ctrl+E〉，可创建需要的表达式；对于已经存在的表达式，可改变该表达式的名称。打开"表达式"对话框，选取已存在的表达式，双击即可直接修改表达式名称。

2. 系统表达式

在建模应用中，随着特征（包括草图）的建立，系统自动地将参数以表达式形式存储于部件中。默认表达式变量名为 p0，p1，p2，…，pn。

1）建立一个特征时，系统对特征的每个参数建立一个表达式。

2）标注草图尺寸后，系统对草图的每一个尺寸都建立一个相应的表达式。

3）定位一个特征或一个草图时，系统对每一个定位尺寸建立一个相应的表达式。

4）生成一个匹配条件时，系统会自动建立相应的表达式。

表达式可应用于多个方面，它可以用来控制草图和特征尺寸及约束；可用来定义一个常量，如 pi=3.1415926；也可被其他表达式调用，如 expression1=expression2+expression3。这对于缩短一个很长的数字表达式十分有效，并且能表达它们之间的关系。

3.2.2 表达式的分类

表达式可分为 3 种类型：数学表达式、条件表达式和几何表达式。

1. 数学表达式

可用数学方法对表达式等式左端进行定义。一些数学表达式见表 3-1。

表 3-1　数学表达式

数学含义		举例
+	加法	p2=p5+p3
−	减法	p2=p5−p3
*	乘法	p2=p5*p3
/	除法	p2=p5/p3
%	余数	p2=p5%p3
^	指数	p2=p5^2
=	相等	p2=p5

2. 条件表达式

通过对表达式指定不同的条件来定义变量。利用 if/else 结构建立表达式，其句法为

VAR=if (exp1) (exp2) else (exp3)

例如，"width=if (length<8) (2) else(3)"的含义为如果 length 小于 8，则 width 为 2，否则为 3。

3. 几何表达式

几何表达式是通过定义几何约束特性来实现对特征参数的控制。几何表达式有以下 3 种类型。

1）距离：指定两物体之间、一点到一个物体之间或两点之间的最小距离。

2）长度：指定一条曲线或一条边的长度。

3）角度：指定两条线、平面、直边、基准面之间的角度。

几何表达式表示方法：p2=length(20)，p3=distance(22)，p4=angle(25)。

3.2.3 表达式语言

表达式语言的表示方法是，通过运算公式将结果赋值给表达式变量。运算公式可以是具体的数值、字符、运算符号或包含函数的运算关系式。例如，Angle=30°，p1=100mm， Length =p1，Height = Length*tan（Angle）。

1. 变量

变量名是字母与数字组成的字符串，但必须以一个字母开始；变量名中不允许包含空格，但可含有下划线符号 "_"；变量名中不能包含运算符号；变量名不区分大小写，长度限制在 32 个字符内。

2. 运算符

表达式运算符分为算术运算符、关系及逻辑运算符，与其他计算机书中介绍的内容相同。见表 3-2 和表 3-3。各运算符的优先级别及相关性见表 3-4，同一行的运算符的优先级别相同，上一行的运算符优先级别高于下一行的运算符。

表 3-2　表达式运算符

算术运算符		其他运算符	
+	加号	>	大于
-	减号	<	小于
*	乘号	>=	大于等于
/	除号	<=	小于等于
%	余数	==	等于
∧	指数	!=	不等于
=	赋值号		

表 3-3　逻辑运算符

运算符	含义
&&	逻辑与
‖	逻辑或
!	逻辑非

表 3-4　各运算符的优先级别及相关性

运算符	相关性	运算符	相关性
∧	右到左	> < >= <=	左到右
-（负号）!	右到左	== !=	左到右
* / %	左到右	&&	左到右
+ -	左到右	‖	右到左

3. 机内函数

表达式中允许使用机内函数，部分常用机内函数见表 3-5。

表 3-5 部分常用机内函数

机内函数	含义	示例
Abs	绝对值	abs(-3)（其值为 3）
Ceil	向上取整	ceil l(3.12)（其值为 4）
Floor	向下取整	floor(3.12)（其值为 3）
Sin	正弦	sin(30)（30 为角度值，其值为 0.5）
Cos	余弦	cos(60)（60 为角度值，其值为 0.5）
Tan	正切	tan(45)（45 为角度值，其值为 0.5）
Exp	幂（以 e 为底数）	exp(1)（其值为 2.7183）
Log	自然对数	log(2.7183)（其值为 1）
Log10	对数（以 10 为底数）	log10(10)（其值为 1）
Sqrt	平方根	sqrt(4)（其值为 2）
pi()	机内常数（π）	
Deg	弧度向角度的转换函数	deg(atan(1))（其值为 45）
Rad	角度向弧度的转换函数	rad(180)（其值为 3.14159）
Fact	阶乘	fact(4)（其值为 24）
Asin	反正弦	asin(1/2)（其值为 0.5236rad）
Acos	反余弦	acos(1/2)（其值为 1.0472）
Atan	反正切（atan(x)）	Atan(1)（其值为 0.7854rad）
Atan2	反正切（atan2(x,y)为 x/y 的反正切）	atan(1,0)（其值为 1.5708rad）

4. 表达式注解

可在表达式中添加一段注解。在注解前用双斜线进行区分"//"。"//"将提示系统忽略它后面的语句。按〈Enter〉键中止注解。如果注解与表达式在同一行，则需先写表达式内容。例如：

```
length=2*width  //comment    有效
//comment       //width=5    无效
```

表达式可利用尺寸、角度等变量，或利用不同条件来控制图形变化，在创建表达式时必须注意以下几点。

1）表达式左侧必须是一个简单变量，等式右侧是一个数学语句或一条件语句。

2）所有表达式均有一个值（实数或整数），该值被赋给表达式的左侧变量。

3）表达式等式的右侧可以是含有变量、数字、运算符和符号的组合或常数。

4）用于表达式等式右侧的每一个变量，必须作为一个表达式名字出现在某处。

3.2.4 创建和编辑表达式

选择"工具"→"表达式"选项或按快捷键〈Ctrl+E〉后，弹出图 3-3 所示的"表达式"对话框。利用该对话框可建立和编辑表达式。

1. 建立表达式

用户通过输入表达式的名称、量纲及数值即可建立自定义的表达式。表达式类型可以为数值、字符串、布尔型等，同时长度类型的表达式还可以设置不同的单位。名称可以是字母，也可以是汉字。

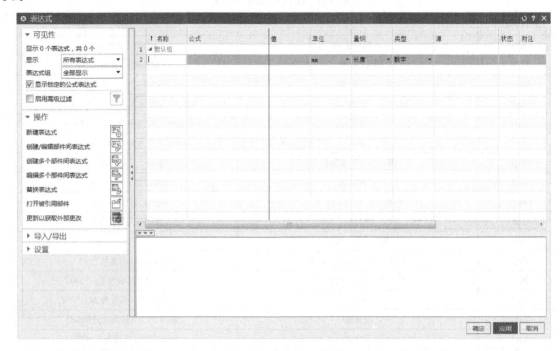

图 3-3 "表达式"对话框

（1）直接建立表达式

在图 3-3 所示对话框的表达式文本框中输入表达式，在"公式"文本框中输入相应的值即可。

1）名称。用于指定新表达式的名称、更改现有表达式的名称，以及高亮显示现有表达式并进行编辑。表达式名可以字母字符开始，也可以由字母、数字字符组成，表达式名可以包括内置下划线。新版 UG NX 软件表达式名中可以使用汉字，但使用字母数字名称方便查找和公式的应用。除了在某些条件下之外，表达式名不区分大小写（如果表达式名的量纲初始被设置为"常数"，则表达式名应区分大小写）。

2）公式。表达式内的公式可包括变量、函数、数字、运算符和符号的组合。可将表达式名插入其他表达式的公式字符串中。

3）单位。当表达式类型包含数字，量纲为长度时，单位可选择 mm、cm、in 等。

4）量纲。当数字为所选类型时，"量纲"选项列表可用。建模表达式最常用的尺寸类型有：长度、距离、角度、常数（即无量纲，如实例阵列中孔的数量）。

5）类型。表达式类型包含数字、字符串、布尔等。其中，数字是最常用的类型；字符串表达式返回字符串而非数字，并且是指带双引号的字符序列。字符串表达式的公式可以包含函数调用、运算符或常量的任意组合，对公式求值时，将生成一个字符串。可以使用字符串表达式表示部件的非数字值，如部件描述、供应商名称、颜色名称或其他字符串属性。布尔运算可以创建支持使用布尔值 true 或 false 的备选逻辑状态的表达式。使用此数据类型来表示相对条件，例如，用"表达式抑制"和"组件抑制"命令来抑制状态。

用户表达式示例见表 3-6。

表 3-6　用户表达式示例

表达式名称	公　式
Length	100
width	Length/2
Hight	Width+10
Hole_position	If(width<=50)(20)else(10)
Base_block_hight	50
Base_block_length	200
block_hight	Base_block_hight*2
block_length	Base_block_length*3

（2）建立几何表达式（测量表达式）

几何表达式可创建两个点之间的距离、沿一条曲线的长度、角度、体的体积、曲面面积等，具体使用方法在下文示例中介绍。

（3）从文件导入表达式

在图 3-3 中单击"导入表达式"按钮，弹出图 3-4 所示的"导入表达式文件"对话框。从"文件名"后的列表框中选择欲读入的"表达式数据文件（*.exp）"，或在"文件名"文本框中输入表达式文件名（不带扩展名.exp），单击"确定"按钮或双击文件列表框中对应的表达式文件名即可。

当导入表达式文件中的同名表达式与当前部件文件的表达式同名时，其处理方式可以通过设置对话框中的"导入选项"（import options）来解决。"导入选项"包含如下 3 个单选项。

● 替换现有的：选择该单选项，则以导入表达式文件中的表达式替代与当前部件文件中同名的表达式。

● 保留现有的：选择该单选项，则保持当前部件文件中同名表达式不变。

● 删除导入的：选择该单选项，则删除当前部件文件中与导入表达式文件中同名的表达式。

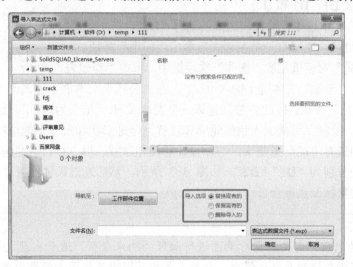

图 3-4　"导入表达式文件"对话框

（4）建立/编辑部件间表达式

部件间表达式是跨越部件建立的连接表达式。利用部件间表达式关联在同一个装配件中组件间的参数。通过部件间的表达式，可以使部件间的表达式和其他部件相关联。如：

部件 1_名 :: 表达式名 = 部件 2_名:: 表达式名

部件间表达式具体的使用方法在后续章节中介绍。

2．编辑表达式

在编辑表达式过程中，几何表达式与其他类型表达式的编辑方法不同。

（1）一般表达式的编辑

在图 3-3 所示的表达式列表框中选择欲编辑的表达式，然后在表达式文本框中作相应修改，再按〈Enter〉键或单击"确定"或"应用"按钮即可。在列表框中选择欲删除的表达式后，单击"删除"按钮 ✕ 即可删除表达式。

（2）几何表达式的编辑方法

修改几何表达式可通过选择"编辑"→"特征"→"编辑参数"命令，或通过模型导航器来进行修改。当选择"编辑参数"命令后，几何表达式会出现在"特征选择"对话框中，在其中选取距离类型、长度类型、角度类型几何表达式，选定之后会立即弹出"编辑特征"对话框，重新指定点或线来改变距离、角度等。

 应用案例 3-1

应用案例 3-1

本案例演示如何建立基于草图的参数化设计方法。绘制图 3-5 所示的平垫圈，操作步骤如下。

1）启动 UG NX 软件，进入建模环境。

2）进入"工具"菜单页面，单击"实用"工具栏中"表达式"按钮 =，弹出"表达式"对话框。"类型"及"量纲"选择默认值，即"类型"为"数字"；"量纲"为"长度"；"单位"为 mm。

3）创建表达式 D1、D2 和 H。

① 在"名称"文本框中，输入表达式的名称"D1"，在"公式"文本框中输入值"11"。完成第一个表达式后单击"应用"按钮。

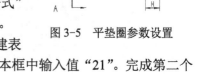
图 3-5 平垫圈参数设置

② 在"表达式"对话框左侧"操作"选项组中，单击"新建表达式"按钮 ，在"名称"文本框中输入"D2"，在"公式"文本框中输入值"21"。完成第二个表达式，单击"应用"按钮。按此方法创建第三个表达式 H，"值"为"1.6"，结果如图 3-6 所示。

4）绘制草图。绘制二维截面大致的轮廓和位置，但是形状和尺寸不能与标准轮廓相差太多，否则添加约束时图形有可能严重变形，与原设计意图相违背。以 XOY 基准面为草图平面，绘制两个同心圆，直径分别为"D1""D2"，如图 3-7 所示。然后通过添加约束（点在曲线上）来保证两个圆的圆心与坐标原点重合。

特别提示

在进行草图约束前一定要注意对草图进行细致的约束分析，避免出现欠约束或过约束的情况，否则将无法创建合格的参数化模型。欠约束是指草图中某些图素的自由度还未完全被限制，草图的形状存在很大的不确定性，容易造成模型的不稳定；过约束是指标标注了多余尺寸，导致对图素重复约束，草图就会产生约束干涉。

5）拉伸。对绘制的草图进行拉伸操作，开始值为"0"，结束值为"H"。得到三维实体模型，如图3-8所示。

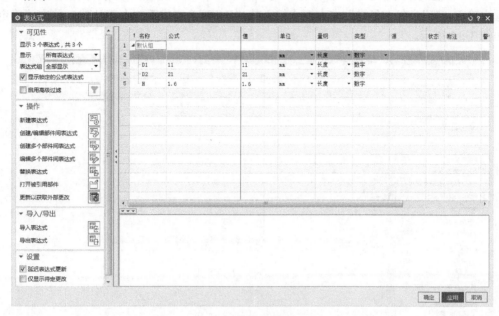

图3-6　平垫圈表达式

6）倒角。创建边倒角为"对称"，值为"0.3"，完成的三维模型如图3-9所示。

7）调整参数。通过部件导航器，双击各特征调整参数，验证模型。按照标准调整模型中的3个参数，检验模型是否随之改变。

8）保存。

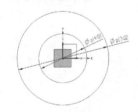

图3-7　草图及约束

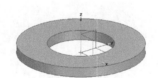

图3-8　拉伸

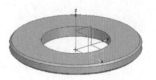

图3-9　倒角

 应用案例 3-2

本案例演示如何建立用户自定义表达式并进行表达式之间的运算，操作步骤如下。

应用案例 3-2

1）启动 UG NX，新建文件，命名为"五角星奖章"，进入建模模块。

2）进入"工具"菜单页面，单击"实用"工具栏中"表达式"按钮 = ，弹出"表达式"对话框，"类型"及"量纲"选择默认值，即"类型"为"数字"；"量纲"为"长度"；"单位"为 mm。

3）创建表达式 D 和 H。

① 在"名称"文本框中，输入表达式的名称"D"，在"公式"文本框中输入值"100"。完

成第一个表达式后单击"应用"按钮。

② 在"表达式"对话框左侧"操作"选项组中，单击"新建表达式"按钮，在"名称"文本框中输入"H"，在"公式"文本框中输入值"D/10"。完成第二个表达式，单击"确定"按钮，如图 3-10 所示。

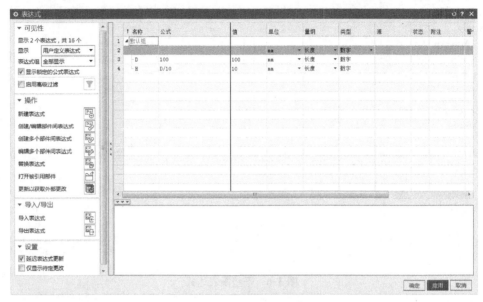

图 3-10 "表达式"对话框

4）绘制草图并拉伸。

① 绘制草图。进入草图绘制环境，绘制圆，创建约束，圆的直径设为 D，如图 3-11 所示。

② 拉伸。拉伸图 3-11 绘制的草图截面，开始值为"0"，结束值为"1.5"，拉伸结果如图 3-12 所示。

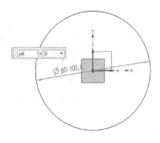

图 3-11 创建草图 1

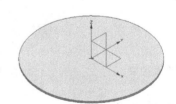

图 3-12 拉伸实体

5）绘制奖章外边框。

① 草图绘制。以 XOZ 为草图面，绘制草图，标注尺寸，如图 3-13 所示。

② 旋转。以 Z 轴为矢量，旋转图 3-13 所示的截面，参数设置如图 3-14 所示，得到图 3-15 所示的实体。

6）绘制五角星。

① 草图绘制。以奖章拉伸体上端面为草图面，绘制草图如图 3-16 所示。

② 创建点。进入"曲线"菜单页面，在"基本"工具栏中，单击"创建点"按钮，弹出图

3-17 所示 "点" 对话框，输入坐标值：$x = 0.0$；$y = 0.0$；$z = 20.0$，单击 "确定" 按钮。

③ 绘制直纹。进入 "曲面" 菜单页面，在 "曲面" 工具栏中，单击 "更多" 按钮 " ⚙ "，选择 "直纹" 命令 ⟋ ，"截面线串 1" 选择步骤②绘制的点，"截面线串 2" 选择图 3-16 所示的五角星，"对齐" 选择 "参数"，如图 3-18 所示，结果如图 3-19 所示。

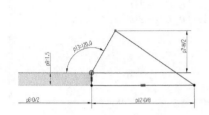

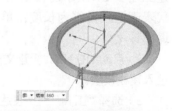

图 3-13　创建草图 2　　　　　　　图 3-14　"旋转" 对话框　　　　　　　图 3-15　旋转后的实体

图 3-16　创建草图 3　　　　　　　图 3-17　创建点　　　　　　　图 3-18　创建直纹面

7）合并。在菜单栏 "主页" 菜单中选择 "合并" 命令 ⊘ ，"目标体" 选择图 3-15 所示的实体；"工具体" 选择五角星，使五角星和支撑体合为一体，如图 3-19 所示。将五角星表面颜色指定为 "红色"，边框指定为 "黄色"，隐藏草图和基本坐标系，结果如图 3-20 所示。

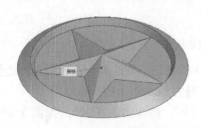

图 3-19　创建的实体　　　　　　　图 3-20　指定颜色

8）调整参数。通过部件导航器，双击特征调整参数，调整模型中的参数 H，检验模型是否随之改变。

9）保存。

 应用案例 3-3

本案例演示如何建立用户自定义表达式，操作步骤如下。

1）创建表达式。该案例表达式数量较多，因此采用文本编辑器建立表达式文件（*.exp），然后导入表达式。新建一个文本文档（.txt），将该文件重命名为"tjbds.exp"后，打开该文件，建立图 3-21 所示的模型主控参数，其中[MM]代表表达式量纲为长度；单位为 mm。保存并退出该文件。

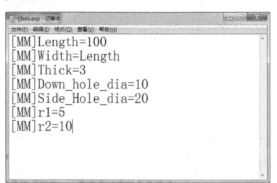

2）启动 UG NX，新建文件，命名为 tjbds.prt，进入建模模块。

3）选择"工具"→"表达式"命令，弹出"表达式"对话框，单击"从文件导入表达式"按钮，将步骤 1）建立的"tjbds.exp"文件中的表达式导入 UG NX 中，被输入的表达式出现在"表达式"对话框的列表窗口中，如图 3-22 所示。

图 3-21 表达式文本

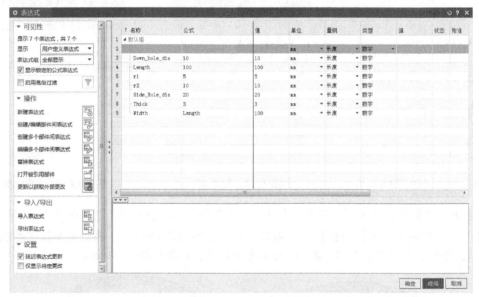

图 3-22 新建表达式

4）绘制草图。进入草图环境，建立图 3-23 所示的草图，创建约束：矩形左侧边框与 Y 轴重合，图形水平线条对称于 X 轴。设矩形的长和宽分别为 Length 和 Width。

5）拉伸。拉伸图 3-23 所示的截面，开始值为"0"，结束值为 Thick，如图 3-24 所示。

6）绘制草图。以 XOZ 为草图面，绘制草图如图 3-25 所示。

7）拉伸。拉伸图 3-25 所示的截面，拉伸宽度为"对称值"，距离为"Length/2"，"偏置"选择"两侧"，开始值为"0"，结束值为 Thick，如图 3-26 所示。结果如图 3-27 所示。

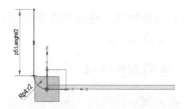

图 3-23　建立草图　　　　　图 3-24　拉伸特征　　　　图 3-25　建立 XOZ 面的草图

8）添加孔特征，使孔中心距两边的距离为 15mm，直径为 down_hole_dia，如图 3-28 所示。

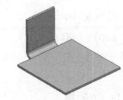

图 3-26　拉伸并偏置　　　　　图 3-27　拉伸后的实体　　　　图 3-28　添加孔

9）阵列孔特征。"布局"选择"线性"，方向分别为 X 和 Y 方向，"数量"为"2"，"间隔"为"Length-30"，如图 3-29 所示，结果如图 3-30 所示。

10）添加孔特征。在立面中心添加简单孔，孔中心位于立面中心，孔径为 side_hole_dia。添加倒圆，半径为"1"。完成后的模型如图 3-31 所示。

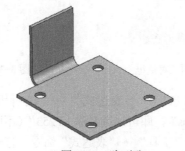

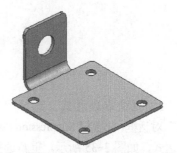

图 3-29　阵列孔设置　　　　　图 3-30　阵列孔　　　　　图 3-31　完成后的模型

11）调整参数。通过部件导航器，双击各特征调整参数，检验模型是否随之改变。

12）保存文件。

 应用案例 3-4

本案例演示如何建立条件表达式，并通过条件表达式来改变设计意图。零件模型如图 3-32 所示。

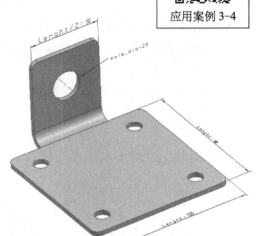

应用案例 3-4

设计思路

针对图 3-32 中部件立面的孔，创建以下条件表达式。

1）Side_hole_dia = if (length>=100) (20) else (hole_a)　//如果高度值≥100，Side_hole_dia=20，否则等于表达式 hole_a。

2）hole_a = if (length>=80) (15) else (hole_b)　//如果高度值≥80，Side_hole_dia=15，否则等于表达式 hole_b。

3）hole_b = if (length>60) (10) else (hole_sup)　//如果高度值≥60，Side_hole_dia=10，否则等于表达式 hole_sup。

4）hole_sup = if (length<=60) (0) else (1)　//如果高度值≤60，抑制该孔。

图 3-32　零件模型

操作步骤

1）打开随书网盘资料\chap3\tjbds.prt，如图 3-32 所示。

2）创建孔的抑制表达式。因为孔直径的值等于零时会出错，所以需要先创建抑制表达式。选择"编辑"→"特征"→"由表达式抑制"命令，选取图 3-31 所示部件大孔特征，如图 3-33 和图 3-34 所示，然后单击"确定"按钮。

图 3-33　"由表达式抑制"对话框

图 3-34　孔的表达式抑制

3）重命名表达式。选择"信息"→"表达式"→"按引用全部列出"命令，打开"信息"对话框，找到"Suppression Status"，即可知道名称"P253"（不同的模型名称不一样）代表抑制表达式，如图 3-35 所示。重新选择"工具"→"表达式"命令，打开"表达式"对话框，在列出的表达式中选择"所有表达式",单击名称"P253"所在的行,将名称改为hole_sup,在对应的"公式"文本框中重新输入"if (length<=60) (0) else (1)",如图3-36所示,然后单击"确定"按钮。

图 3-35　抑制表达式信息

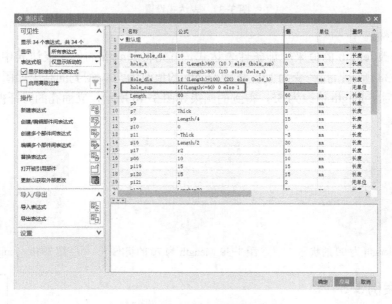

图 3-36　修改抑制表达式

4)编辑孔表达式。

① 建立零件立面孔与长度相关的条件表达式。选择"工具"→"表达式"命令,在打开的

"表达式"对话框中单击表达式 Side_hole_dia，双击"公式"文本框，输入"if (length>=100) (20) else (hole_a)"。

② 新建表达式 hole_a，在"公式"文本框中输入"if (length>80) (15) else (hole_b)"。

③ 新建表达式 hole_b，在"公式"文本框中输入"if (length>60) (10) else (hole_sup)"，如图 3-37 所示，然后单击"确定"按钮。

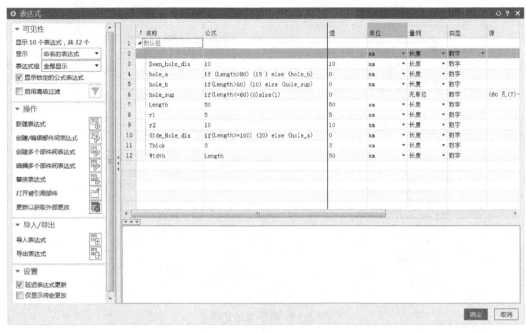

图 3-37　表达式设置

5）保存文件。

6）依次修改 length 的值来验证条件表达式。首先将 length 的值在表达式中改为 90，得到的结果如图 3-38 所示；孔径变为 15。再将 length 的值改为 70，得到的结果如图 3-39 所示，孔径变为 10。最后将 length 值改为 55，得到的结果如图 3-40 所示，立面孔的特征被抑制。

图 3-38　length 为 90 的状态　　　图 3-39　length 为 70 的状态　　　图 3-40　length 为 55 的状态

 **应用案例 3-5**

本案例演示如何建立几何表达式，并通过建立几何表达式给特征定位来捕捉设计意图。设计意图如图 3-41～图 3-43 所示。

应用案例 3-5

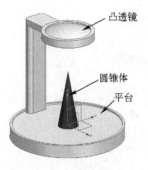

凸透镜

圆锥体

平台

图 3-41　追光器模拟图

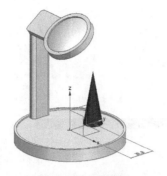

图 3-42　凸透镜倾转

图 3-43　圆锥体消失

设计思路

1）该模型模拟追光器。平台上有一凸透镜和圆锥体，圆锥体的顶点位于凸透镜的焦点。

2）当凸透镜绕 Y 轴倾转动时，圆锥体随之在平台上移动，模拟追随太阳光。

3）凸透镜倾角增加较大，导致圆锥体脱离平台时，圆锥体消失。

操作步骤

1）打开随书网盘资料\chap3\part\zgq.prt，如图 3-41 所示。

2）打开"表达式"对话框可看到已经建立的用户表达式 alfax、alfay 和 H，分别表示凸透镜绕 X 轴、Y 轴的倾角以及立柱的高度。

3）创建几何表达式。在工具栏中单击"表达式"按钮 =，新建表达式。输入名称 dis，在对应的"公式"文本框中右击（图 3-44），在弹出的快捷菜单中选择"编辑"，弹出图 3-45 所示的对话框。单击"测量"按钮 🖹，起点为直线端点，终点为 Y 轴，如图 3-46 所示。然后单击"确定"按钮。此时创建了由测量距离得到的表达式。

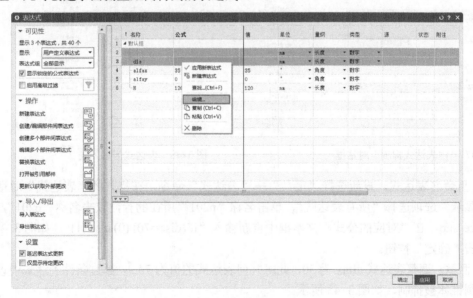

图 3-44　"表达式"对话框

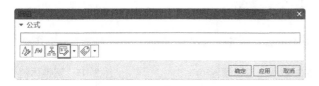

图 3-45 "编辑"对话框

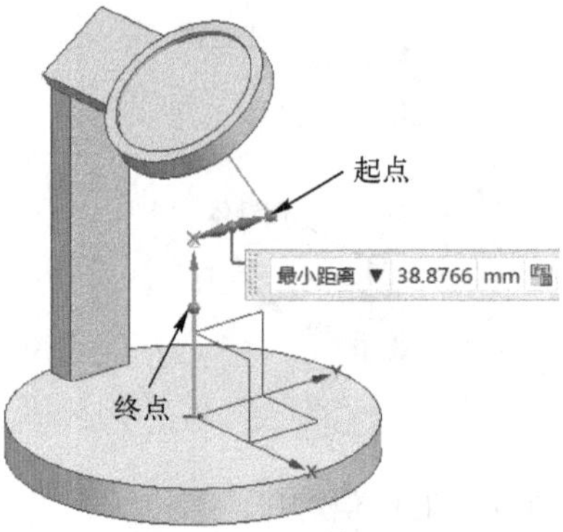

图 3-46 几何表达式

4）创建抑制表达式。选择"编辑"→"特征"→"由表达式抑制"命令，打开"由表达式抑制"对话框。选取圆锥体特征，单击"确定"按钮，如图 3-47 所示。

5）选择"信息"→"表达式"→"按引用列出"命令，打开"信息"窗口，找到"Suppression Status"，即可知道名称"p201"（不同的模型名称不一样）代表抑制表达式，如图 3-48 所示。

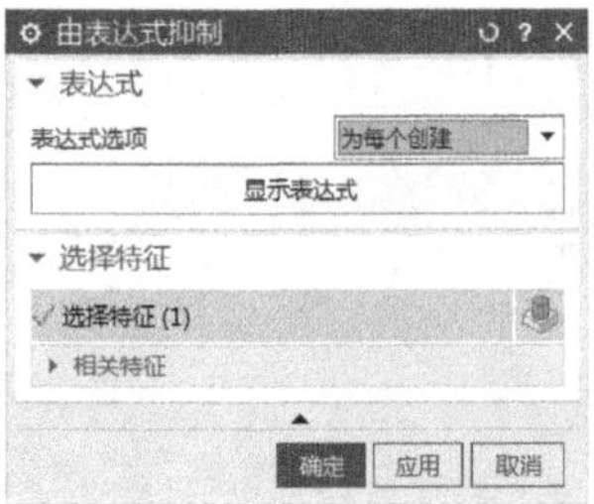

图 3-47 "由表达式抑制"对话框

图 3-48 表达式信息列表

6）重命名表达式。重新选择"工具"→"表达式"命令，在打开的"表达式"对话框中，单击"显示"选项选择"所有表达式"，单击名称"p201"所在的行，双击名称"p201"，将名称改为 core_sup，在"对应的公式"文本框中重新输入"if (dis>=70) (0) else (1)"，如图 3-49 所示，然后单击"确定"按钮。

7）测试。调整表达式 alfax 为 50，此时几何表达式的值为 74.9，超过条件表达式中设定的值（70），圆锥体被抑制，如图 3-43 所示。

8）保存。

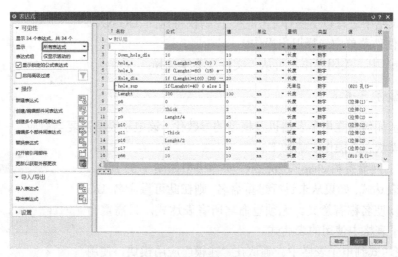

图 3-49　编辑表达式公式

3.3　基于电子表格的参数化建模

在建模环境下，电子表格充当了 UG NX 混合建模的高级表达式编辑器，提供了 UG NX 与电子表格之间概念模型数据的实时传递。

UG NX 电子表格在 Microsoft Excel 和 UG NX 之间提供了一个灵活的交互界面，方便用户对相关联的表达式参数进行编辑。电子表格的功能如下：

- 从标准表格布局参数化模型的变化或部件族。
- 用电子表格计算优化几何体。
- 用分析方案来扩大模型设计。

进入 UG NX"工具"菜单页面，单击"电子表格"按钮▦，弹出电子表格。单击"加载项"按钮，即可进行设计模型的相关参数操作和编辑，如图 3-50 所示。这时，UG NX 控制权将传递到电子表格，用户拥有电子表格的全部功能，可以编辑和修改单元格、更改颜色、标题和文本，或者导入/导出使用其他程序生成的电子表格，但是 UG NX 不再响应用户输入。

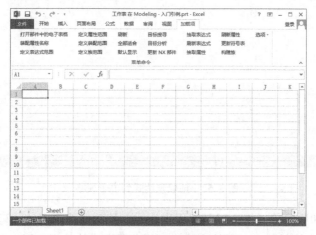

图 3-50　电子表格

当在电子表格中进行以下操作之一时，控制权将返回 UG NX。

● 在"文件"菜单中选择退出操作。

● 在 Excel 中，关闭操作，可从"文件"菜单选择。

应用案例3-6

应用案例 3-6

本案例演示如何建立电子表格以及模型的参数化。该电子表格需要当前应用模式处于建模状态。操作步骤如下。

1）打开随书网盘资料\chap3\dzbg.prt。实体模型如图 3-51 所示。

2）重命名表达式。如果从未进行过重命名，则在此可重命名 UG NX 表达式，以使名称有意义。无须重命名所有表达式，只需重命名那些将在电子表格中使用的表达式。

图 3-51　实体模型

3）抽取表达式到电子表格中。确认在"建模"应用模块，使用"工具→电子表格"命令来启动电子表格。如果已经打开过电子表格，则该电子表格将显示存在的表达式。如果这是一个新部件或新电子表格，则内容为空白。将鼠标指针放在单元格 A3 中并单击（为了给标题留出一些空间，建议使用 A3 而不是 A1 或 A2），选择"工具" → "抽取表达式"命令，如图 3-52 所示。

图 3-52　抽取表达式到电子表格

4）编辑、移动和删除单元格，以及组织表达式。移动或编辑表达式可重新组织已抽取的表达式列表，以便电子表格只包含必要的表达式。新电子表格的外观如图 3-53 所示。

5）编辑电子表格表达式参数。在电子表格中选取 A6～B6，A7～B7，然后选择 Excel 菜单栏中"定义表达式范围"命令。此时，只有选定范围的表达式值可以修改，如图 3-54 所示。将 gap 改为"3"，inner_dia 改为"35"，选择菜单栏中的"更新 UG NX 部件"命令，结果如图 3-54 和图 3-55 所示。

	A	B	C	D
1				
2				
3	*Parameters*	*values*		
4	H	10		
5	L	35		
6	gap	5		
7	inner_dia	30		
8	midd_dia	34		
9	outer_dia	42		
10				

图 3-53　修改后的电子表格

	A	B	C
1			
2			
3	*Parameters*	*values*	
4	H	10	
5	L	35	
6	gap	3	
7	inner_dia	35	
8	midd_dia	34	
9	outer_dia	42	
10			

图 3-54　定义表达式范围

图 3-55　更新部件结果

3.4　基于特征的参数化建模

机械产品的开发过程中会用到大量的通用件、标准件、相似件、借用件，建立这些常用零部件的数据库，可以花费较少的时间完成产品设计。UG NX 软件中的重用库支持所有主流标准，包括 ANSI 英制、ANSI 公制、DIN、UNI、JIS 和 GB 的各种标准件，用户也可针对不同情况，自定义行业或企业标准零部件。

3.4.1　基于特征的参数化建模概述

基于特征的设计方法已被公认为是解决产品开发与过程设计集成问题的有效手段。特征是具有工程含义的几何实体，它表达的产品模型兼含语义和形状两方面的信息，而特征语义包含设计和加工信息，它为设计者提供了符合人们思维的设计环境，设计人员不必关注组成特征的几何细节，而是用熟悉的工程术语阐述设计意图的方式来进行设计。因此基于特征的设计越来越广泛地应用于参数化设计中。

基于特征参数化方法意在将基于特征设计方法与参数化技术有机地结合起来，实现对多种设计方式（自顶向下或自底而上等）和设计形式（初始设计、相似设计和变异设计等）的支持。对于一个特征来说，其构成的几何图素之间的拓扑关系是不变的，特征形状的变化只能通过给特征指定不同的参数值来实现。对零件的修改可以转化为对构成零件的特征参数值进行修改，大大方便了零件的设计修改过程，提高了设计效率和准确性。

特征形素之间的约束关系通常采用几何约束图 GCG 或语义模型来描述，产品模型约束图的表示不是唯一的，只有其中的位置相关、尺寸相关和存在相关三类语义是始终保持的。位置相关是指特征形素的位置会随着其参照形素的位置改变而改变；尺寸相关包括特征形素之间的尺寸相关和形素内部的尺寸相关，尺寸约束决定了模型如何变化；存在相关主要指几何约束中可能隐含

129

的特征形素的优先级信息，不考虑主从属性的模型，会产生无法接受的结果。

　　基于特征的参数化建模的关键是形状特征及其相关尺寸的变量化描述，主要是采用参数化定义的特征，应用约束定义和修改几何模型，实现尺寸和形状的变更。特征本身是参数化的，它们之间的构成是变量化的，即由尺寸（参数）驱动。当修改某一尺寸时，系统自动按照新尺寸值进行调整，生成新的几何模型。如遇到几何元素不满足约束条件，则保持拓扑约束不变，按尺寸约束修改几何模型。

3.4.2　基于特征的参数化建模实例——固定座

3.4.2 基于特征的参数化建模实例——固定座

　　该案例以固定座（见图3-56）为例来说明基于特征的参数化建模过程。修改模型的长度和孔中心的高度，图形发生相应的变化，如图3-57和图3-58所示。具体操作步骤如下。

图 3-56　固定座模型

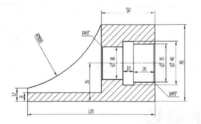

图 3-57　固定座工程图

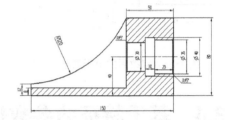

图 3-58　参数化后的工程图

　　1）启动 UG NX，新建文件，命名为"固定座.prt"，进入建模模块。

　　2）创建表达式。单击"实用"工具栏中"表达式"按钮 ＝，弹出"表达式"对话框，"类型"及"量纲"选择默认值，分为 4 个表达式，如图 3-59 所示。

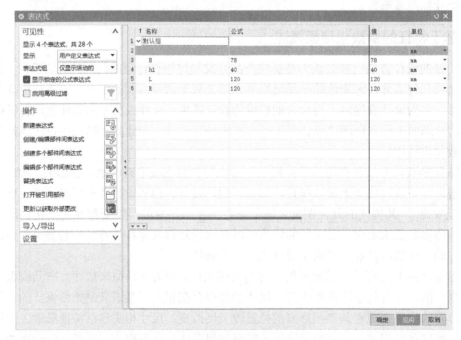

图 3-59　创建表达式

3）拉伸（此处代表零件的加工毛坯，可选择"拉伸"或"长方体"命令）。

① 进入草图绘制环境，绘制矩形，创建"对称"约束和"共线"约束，使线框下部与 X 轴共线，如图 3-60 所示。

② 拉伸。拉伸图 3-60 所示的草图截面，开始值为"0"，结束值为"L"，如图 3-61 所示。

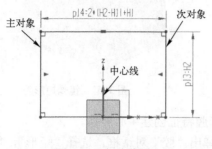

图 3-60　创建草图 1

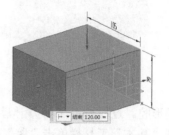

图 3-61　创建实体

4）矩形腔（利用矩形腔特征，代表零件的加工过程，同时便于修改尺寸）。

① 在"基本"工具栏单击"腔"按钮 ⬡，弹出"腔"对话框，选择"矩形"，"放置面"选择拉伸体的上表面，"参考方向"选择 Y 轴或该方向的实体棱线，如图 3-62 所示。

② 矩形腔参数编辑。矩形腔长度、宽度和深度参数如图 3-63 所示。单击"确定"按钮，弹出"定位"对话框，如图 3-64 所示。

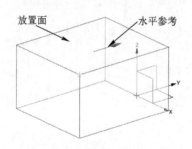

图 3-62　放置面及水平参考

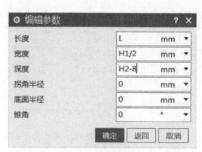

图 3-63　"编辑参数"对话框

③ 定位方法选择"线落在线上"，单击 工 按钮，分别选择图中目标边 1、工具边 1 和目标边 2、工具边 2，如图 3-65 所示，结果如图 3-66 所示。

图 3-64　"定位"对话框

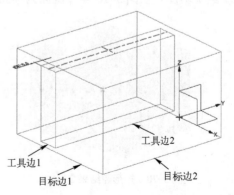

图 3-65　目标边和工具边选择 1

④ 镜像。以 YOZ 为镜像平面，镜像上文创建的矩形腔，结果如图 3-67 所示。

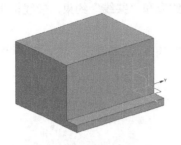

图 3-66　矩形腔结果 1

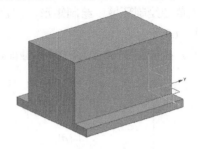

图 3-67　镜像矩形腔

5）矩形腔。过程与步骤 4）相似，利用矩形腔特征创建中心腔体。

① 在"基本"工具栏单击"腔"按钮 ⬡，弹出"腔"对话框，选择"矩形"，"放置面"选择拉伸体的上表面，"参考方向"选择 Y 轴或该方向的实体棱线。

② 矩形腔参数编辑。矩形腔长度、宽度和深度参数如图 3-68 所示。单击"确定"按钮，弹出"定位"对话框，如图 3-64 所示。

③ 定位方法选择"线落在线上"，单击 ⊥ 按钮，分别选择图中目标边 1、工具边 1 和目标边 2、工具边 2，如图 3-69 所示，结果如图 3-70 所示。

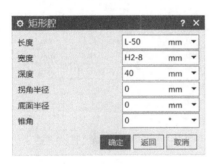

图 3-68　"矩形腔"对话框

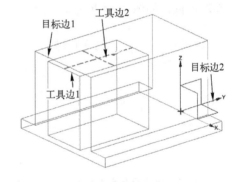

图 3-69　目标边和工具边选择 2

6）拉伸。利用草图截面拉伸弧形缺口。

① 绘制草图。以图 3-70 实体侧面为草图面，绘制草图，标注尺寸，如图 3-71 所示。

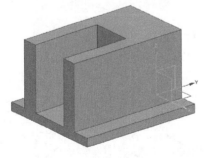

图 3-70　矩形腔结果 2

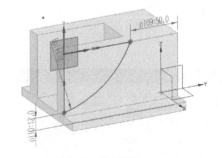

图 3-71　创建草图 2

② 特征约束。采用"点在线上"约束，将圆弧两端限制在所在线段上。

③ 拉伸。拉伸图 3-71 所示的草图截面，选择结束值为"贯通"。拉伸结果如图 3-72 所示。

7）创建孔。

① 创建孔特征。在"基本"工具栏中单击"孔"按钮 ⚙，弹出图 3-73 所示的"孔"对话框。选择实体中心矩形表面为绘制面，创建点。单击"绘制截面"按钮 ▣，进入草图环境，添加约束，使点落在草图面竖直 Z 轴上，点与实体下端面的距离设为 H1，如图 3-74 所示。

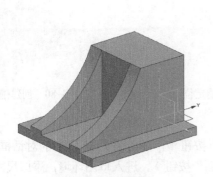

图 3-72　创建拉伸

图 3-73　"孔"对话框

② 孔参数。直径为"30"，孔深为"20"，"顶锥角"为"118"，结果如图 3-75 所示。

③ 以类似的方法创建直径为 35mm 的孔，草图面选择实体另外一侧，添加约束和尺寸标注，结果如图 3-76 和 3-77 所示。

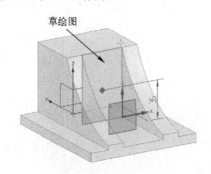

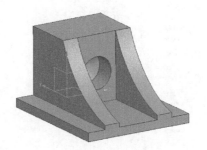

图 3-74　创建点 1

图 3-75　创建孔特征 1

8）创建槽。

① 在"基本"工具栏的"更多"菜单中选择"槽"特征命令 ▣ 槽，放置面选择图 3-77 所示的孔内表面，槽参数编辑如图 3-78 所示。

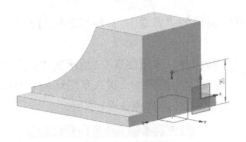

图 3-76　创建点 2

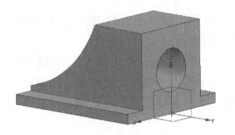

图 3-77　创建孔特征 2

② 槽定位。选择实体左端孔外端为目标边，刀具边选择槽左侧边缘，距离为 20，如图 3-79 所示，结果如图 3-80 所示。

图 3-78　创建草图 3

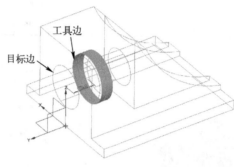

图 3-79　槽定位

图 3-80　创建槽结果

9）创建沉头孔。

① 创建孔特征。在 "基本" 工具栏中单击 "孔" 按钮 ⬡，弹出图 3-81 所示的对话框。选择实体下凸缘上表面为绘制面，创建点。单击 "绘制截面" 按钮 ⬙，进入草图环境，添加尺寸约束，如图 3-82 所示。

② 孔参数。沉头孔参数设置如图 3-81 所示，结果如图 3-83 所示。

图 3-81　创建点 3

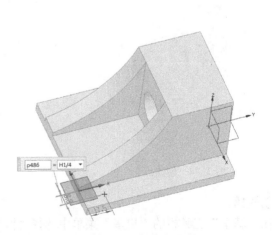

图 3-82　创建点约束

10）沉头孔特征阵列。选择"线性阵列"，方向为 Y 轴正向，"数量"为"2"，"间距"为"L-30"。结果如图 3-84 所示。

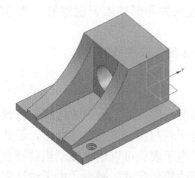

图 3-83　创建沉头孔

图 3-84　孔阵列

11）镜像孔特征。以 YOZ 平面为镜像面，选择步骤 10）创建的两个沉头孔进行镜像。

12）边倒角。创建∅30 和∅35 孔边缘棱线倒角，距离为"1"。结果如图 3-85 所示。

13）调整参数，验证模型。调整模型中的参数：L=150，R=120，$H1$=40，$H2$=80，模型随之改变，如图 3-86 所示。

14）保存文件。

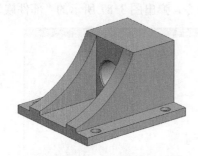

图 3-85　固定座实体模型

图 3-86　调整参数结果

3.5　部件族

部件族（Part Families）即一个零件族的主文件，可以用变量来驱动其参数形成一系列形状类似而具体尺寸各异的零件。

部件族提供了一种快速定义一族类似零件的方法，这一族零件都基于一个模板文件。这个模板文件可以是单一的零件，也可以是一个装配。可用 UG NX 电子表格来定义部件族的成员及其各个属性值，这些属性在部件成员间可能是变化的，例如，表达式值、属性值（attributes）、可选的特征等。模板文件的改变将影响到所有的部件族成员。

3.5.1　部件族概述

利用 UG NX 建立部件族，常用到以下术语：

1）模板文件（Template part）。UG NX 的.part 文件，一组类似的零件均基于该模板文件创建。

2）部件族表（Family table）。在模板文件里通过 UG NX spreadsheet 创建的一张表，该表描述了模板文件的各种属性，这些属性在创建部件族成员时可以修改。

3）部件族成员（Family member）。一个由模板文件和部件族表创建的，并与之相关的只读文件。

4）部件族（Part Family）。模板文件、部件族表和部件族成员的和。

3.5.2 部件族的创建过程

在 UG NX 建模环境下，建立三维参数化零件模型，然后通过设定表达式并将设计变量分配给模型，创建一个含有所设变量的外部电子表，将电子表与当前模型链接起来，于是电子表中的变量即可被当前模型文件的零件尺寸所引用。因此该电子表就可以用来驱动当前模型文件中零件的尺寸，设计人员可通过控制外部电子表格数据来修改零件尺寸，减少了由于设计变化而重复修改的工作量，即用一个模型即可描述多个相同结构的零件。

UG NX 部件族的创建步骤如下。

1）创建一个模板文件。

2）在模板文件里定义部件族中将要使用的属性。

3）在电子表格里创建部件族表，定义部件族成员的各种配置并保存。

4）使用部件族。

新建 UG NX 文件，选择"工具"→"部件族"命令，弹出图 3-87 所示的"部件族"对话框。

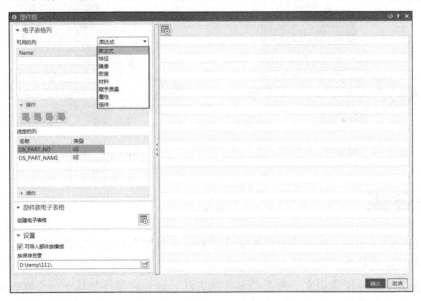

图 3-87 "部件族"对话框

1．可用的列

部件族电子表格中有 8 种可选的特性类，用来定义电子表格的列。其中常用特性类有以下 6 种。

1）表达式。当创建部件族成员时，提供表达式值。表达式值只能为常值。

2）特征。可以通过在电子表格中指定其值为 yes 或 no，确定是否抑制特征。

3）镜像。如果模板文件中有镜像体，则部件族成员可以使用基体（镜像特征值为 yes）或者镜像体（mirrored body）（镜像特征值为 no）。

4）密度。给出零件中命名的实体列表，可以为每一个命名指定密度。当创建部件族成员时，可以给每一个成员指定密度，则该密度值会应用到该成员的实体上。使用"编辑"→"属性"命令来给实体指定名字。

5）属性。使用部件属性（attributes）及其值。

6）组件。仅用于装配模板文件。可以去掉指定的组件（表格留空）或者用不同的组件来替换指定的组件。

2．操作

1）⊞在末尾添加。在"选定的列"列表框中最后一行，添加选定的内容。

2）⊞在选定的列后添加。在"选定的列"列表框中选定行之后，添加选定的内容。

3）⊠ 移除列。选中要移除的列名，然后右击，在弹出的快捷菜单中单击⊠按钮。

3．创建电子表格

单击⊞按钮，创建电子表格，启动 Excel，此时 UG NX 操作被抑制。

4．电子表格选项

（1）确认部件

可以测试以当前的定义值是否能成功地创建族成员。

测试完选定行的族成员，会有一条消息提示是否可能用当前的属性配置值创建一个部件。在此过程中，控制被传递回 UG NX。要继续操作并返回电子表格，可选择"部件族"对话框中的"恢复电子表格"选项。

（2）应用值

可以将当前定义的值应用于部件。除非部件处于新的状态，否则会将定义的值应用于部件。在此期间，控制将传递回 UG NX，可以使用新状态下的模型在 UG NX 中编辑族或进行其他工作。

（3）更新部件

更新部件有两种情况：

1）未选择任何行。UG NX 会搜索族中的每个成员。首先，使用当前搜索规则，即在"文件"→"首选项"→"装配加载选项"→"定义搜索目录"下指定搜索目录，再进行搜索。如果找不到成员，UG NX 会搜索在"文件"→"保存"→"保存选项"下指定的部件族成员目录。

对于找到的每个成员，系统要检查该成员对于当前定义是否已过时，包括对模板部件的几何更改和对族表格中定义的更改。如果成员过时，则创建一个更新版本，然后保存到成员部件被找到的位置。如果成员部件被写保护，则将新的成员部件保存到部件族成员目录中。同时生成更新报告。如果没有行被选中并且选择更新部件，则要求确认操作。

2）已选择行。UG NX 搜索族的已选成员，但是未检查到已查看成员是否过时，则只简单地创建并保存新版本，或者将它保存到当前位置，或者保存到"保存选项"对话框中指定的目录下。

（4）创建部件

创建所选行的族成员，并将其保存为 UG NX 部件文件。在部件创建过程中，控制被传递回 UG NX，且信息窗口提示部件是否已成功创建和保存。若继续操作，可选择"部件族"对话框中的"恢复电子表格"选项返回电子表格。

"创建部件"选项将创建的部件保存在"文件"→"选项"→"保存选项"下指定的部件族成员目录中，并同时保存电子表格，但不会保存模板部件，需另外在 UG NX 建模环境中保存。

（5）保存部件族

保存电子表格数据并返回 UG NX。"保存部件族"和"创建部件"选项将保存电子表格的内容（spreadsheet），但是不保存模板文件。

（6）取消

返回 UG NX 而不保存电子表格所做的任何改变。

 应用案例 3-7

应用案例 3-7

本案例以导柱为例演示如何建立部件族。具体操作步骤如下。

1）启动 UG NX，打开随书网盘资料\chapter3\part\chap3\guide pin.prt。导柱工程图如图 3-88 所示。

2）建立部件族。选择"工具"→"部件族"命令，打开"部件族"对话框，把"可用的列"中已经建立的表达式添加到选定的列中。导柱的表达式参数较多，但是常用导柱的系列产品中，主要是配合段直径和长度。这里依次选择参数：D1，D，L，fit_L，在"操作"选项组中单击"在末尾添加"按钮，如图 3-89 所示。4 个表达式参数出现在"选定的列"中。

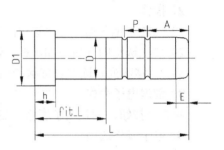

图 3-88　导柱工程图

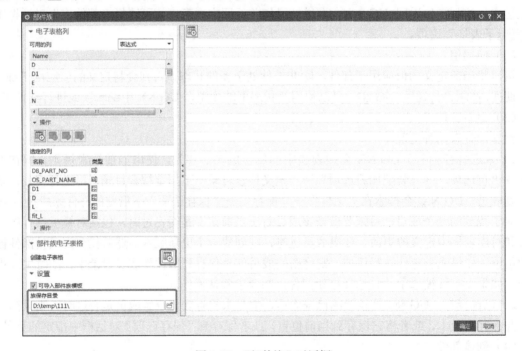

图 3-89　"部件族"对话框

3）创建电子表格。单击"创建电子表格"按钮，系统启动 Excel 表格，在 DB_PART_NO 列输入序号，在 OS_PART_NAME 列输入零件名称，在其他列输入相应的值，此处按常用导柱系列尺寸输入，如图 3-90 所示。

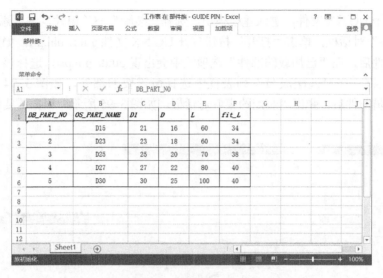

图 3-90 部件族电子表格

4）电子表格数据保存。输入数值后就可以保存部件族了，选择"加载项"→"部件族"→"保存族"命令，会自动返回到 UG NX，如图 3-91 所示。如果对于设置的数值不满意，可以单击"取消"按钮，再返回到 UG NX 工程图界面，可以重新创建部件族。

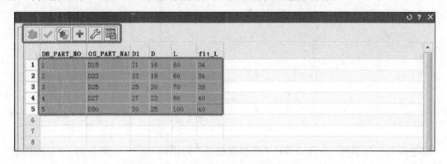

图 3-91 部件族参数列表

5）创建部件族。设置部件族保存目录，框选需要创建部件族的数据，单击"创建部件"按钮，系统即开始创建部件族成员，如图 3-92 所示。提示成功创建成员部件。

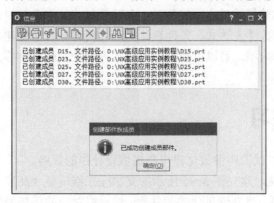

图 3-92 信息提示

6）新建一个 UG NX 文件，进入建模模块，选择"装配"→"组件"→"添加组件"命令，打开"添加组件"对话框，单击"打开"按钮打开 UG NX 文件 guide pin.prt，如图 3-93 所示。

7）打开文件后，在"已加载的部件"选项组中会出现 guide pin.prt，选择该文件，打开"选择族成员"对话框，在"匹配成员"列表框中选择所需要的部件，如图 3-94 所示。

8）选定成员部件后，弹出"装配约束"对话框，如图 3-95 所示。根据需要添加约束，完成添加组件操作。

图 3-93 "添加组件"对话框

图 3-94 "选择族成员"对话框

图 3-95 "装配约束"对话框

3.6 本章小结

参数化建模是在实体建模基础之上发展的一种建模技术。本章首先讲述了参数化建模的基本方法，重点阐述表达式中数学表达式、条件表达式及几何表达式的创建方法及应用。部件族是参数化建模在实际中的具体应用，可以以数据库的形式为企业定制各种零部件，以提高产品或模具的设计效率。

3.7 思考与练习

1．何谓参数化建模？试说明参数化建模在机械设计中的优势。

2．依据参数化的思路，建立图 3-96 所示的支撑座三维模型（高度 83 及长度 90 可调整）。

3．根据斜垫圈工程图，建立该零件的部件族，然后将对应的斜垫圈装配到零件上，如图 3-97

和图 3-98 所示。斜垫圈规格见表 3-7。

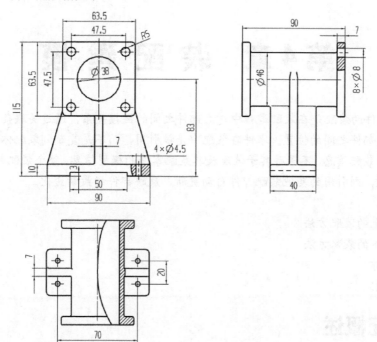

图 3-96 支撑座工程图

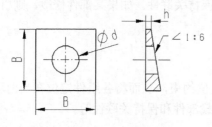

图 3-97 斜垫圈

图 3-98 要装配的零件

表 3-7 斜垫圈规格表 （单位：mm）

规格	d	B	h
6	6.6	16	
8	9	18	2
10	11	22	

第4章 装配建模

UG NX 软件的装配是在装配过程中建立部件之间的链接关系,通过关联条件在部件间建立约束关系来确定部件之间的位置。零件在装配中是被引用,而不是复制到装配体中,各级装配文件仅保存该级的装配信息,不保存其子装配及其装配零件的模型信息。整个装配部件保持关联性,如果某部件修改,则引用的其他装配部件自动更新,反映部件的最新变化。

学习目标
- ☐ 自底向上的装配方法
- ☐ 自顶向下的装配方法
- ☐ 装配爆炸
- ☐ 克隆装配

4.1 装配概述

在 UG NX 装配过程中,部件的几何体是被装配引用,而不是复制到装配中。因此无论在何处编辑部件和如何编辑部件,其装配部件都保持关联性。如果某部件修改,则引用它的装配部件将自动更新。

4.1.1 装配基本概念

装配是指将现有组件或新建组件设置定位约束,从而将各组件定位在当前环境中。UG NX 装配基本概念包括组件、组件特性、多个装载部件和保持关联性等。

(1)装配部件

装配部件是由零件和子装配构成的部件。在 UG NX 中,允许向任何一个.prt 文件中添加部件构成装配,因此任何一个.prt 文件都可作为一个装配部件,零件和部件不必严格区分。

(2)子装配

子装配是在高一级装配中被用作组件的装配,子装配也可拥有自己的组件。子装配是一个相对的概念,任何一个装配部件都可以在更高级装配中用作子装配。

(3)组件对象

组件对象是一个从装配部件链接到部件主模型的指针实体。一个组件对象记录的信息有部件名称、层、颜色、线型、引用集和配对条件等。

(4)组件部件

组件部件是在装配中由组件对象所指定的部件文件。组件既可以是单个部件(即零件),也可以是一个子装配,组件是由装配部件引用而不是复制到装配部件中。

(5)显示部件和工作部件

显示部件是指当前在图形窗口里显示的部件。工作部件是指用户正在创建或编辑的部件,它可以是显示部件或包含在显示的装配部件里的任何组件部件。当显示单个部件时，工作部件就是显示部件。

（6）引用集

装配中可以通过引用集过滤一个指定组件或子装配的数据信息，从而简化大装配或复杂装配的图形显示。引用集的使用可以大大减少（甚至完全消除）部分装配的图形显示，而无须修改其实际的装配结构或下属几何体模型。每个组件可以有不同的引用集，因此在一个单个装配中同一个部件允许有不同的表示。

（7）主模型

主模型是供 UG NX 各模块共同引用的部件模型。同一主模型可同时被工程图、装配、加工、机构分析和有限元分析等模块引用。装配件本身也可以是一个主模型，被制图、分析等应用模块引用，主模型修改时，相关应用自动更新。

4.1.2 装配方法

与大多 CAD/CAM 系统一样，UG NX 装配采用的是虚拟装配。该装配模式是利用部件链接关系建立装配，而不是将部件复制到装配中，因此，装配时要求内存空间较小。装配中不需要编辑的下层部件可简化显示，提高显示速度。当装配的部件修改时，装配自动更新。

UG NX 的装配方法有自底向上装配、自顶向下和混合装配 3 种方法。自底向上的装配方法是真实装配过程的体现；而自顶向下的装配方法是在装配中参照其他零部件对当前工作部件进行设计的方法；混合装配方法是自顶向下装配和自底向上装配结合在一起的装配方法。

1．自底向上的装配方法

自底向上的装配方法是指先设计零（部）件，再将该零（部）件的几何模型添加到装配中，所创建的装配体将按照组件、子装配体和总装配的顺序进行排列，并利用关联约束条件进行逐级装配，最后完成总装配模型。在装配过程中，一般需要添加其他组件，将所选组件调入装配环境中，再在组件与装配体之间建立相关约束，从而形成装配模型。

2．自顶向下的装配方法

自顶向下装配方法主要用于上下文设计，即在装配中参照其他零部件对当前工作部件进行设计的方法。在装配的上下文设计中，可以利用链接关系建立从其他部件到工作部件的几何关联。利用这种关联，可引用其他部件中的几何对象到当前工作部件中，再用这些几何对象生成几何体。这样，一方面提高设计效率，另一方面保证了部件之间的关联性，便于参数化设计。

3．混合装配建模

将以上两种方法结合在一起的装配方法称为混合装配建模。例如，首先设计几个主要的部件模型，再将它们装配到一起，然后在装配中关联设计其他部件。该方法是一种最为常见的产品设计方法。

4.1.3 UG NX 装配界面

UG NX 装配界面适用于管理产品的装配，利用装配导航器以图形的方式显示装配结构。"装配"命令组工具栏中集成了装配过程中常用的命令，提供了方便地访问常用装配功能的途径。装配界面如图 4-1 所示。

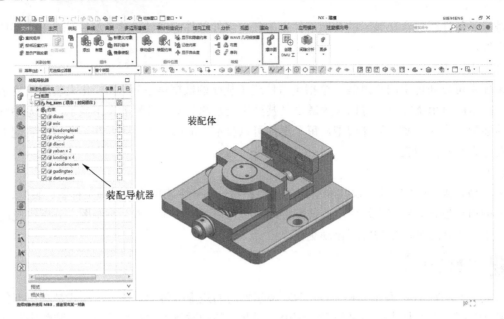

图 4-1 装配界面

为了方便管理装配组件，UG NX 专门以独立窗口形式提供了装配导航器。装配导航器是一种装配结构的图形显示界面，又被称为装配树。在装配树形结构中，每个组件作为一个节点显示。装配导航器清楚地反映了装配中各个组件的装配关系，将装配结构用树形结构表示出来，显示了装配结构树及节点信息，而且能让用户直接在装配导航器中快速便捷选取各个部件和进行各种装配操作。例如，用户可以在装配导航器中改变显示部件和工作部件、隐藏和显示组件、删除组件、编辑装配配对关系等。

下面介绍装配导航器的功能及操作方法。

打开装配导航器，装配树形结构图如图 4-2 所示。

表示一个装配或子装配。如果图标为黄色，则装配在工作部件中；如果图标为灰色，但有纯黑色边，则装配为非工作部件；如果图标变灰，则装配已关闭。

表示一个组件。如果图标为黄色，则组件在工作部件中；如果图标为灰色，但有纯黑色边，则组件为非工作部件；如果图标为变灰，则组件已关闭。

○无约束：表示部件未约束，可任意移动。

◐部分约束：表示部件部分约束，仍存在一部分自由度。

●完全约束：表示部件已经完全约束，没有自由度，不能随便移动。

在绘图区右侧的"资源"工具栏上单击"装配导航器"按钮，或者将鼠标指针移动到该按钮上，即可打开装配导航器，如图 4-2 所示。在装配导航器窗口中，第一个节点表示

图 4-2 装配导航器

基本装配部件,其下方的每一个节点均表示装配中的一个组件部件,显示的信息有部件名称、文件属性、位置、数量、引用集名称等。

"预览"选项组是装配导航器的一个扩展区域,显示装载或未装载的组件。

"相关性"选项组是装配导航器的特殊扩展,其允许查看部件或装配内选定对象的相关性。

在装配导航器窗口中可以通过双击待编辑组件,使其成为当前工作部件,并以高亮颜色显示。此时可以编辑相应的组件,编辑结果将保存到部件文件中。

4.2　自底向上的装配方法

自底向上的装配方法是指先设计零(部)件,再将该零(部)件的几何模型添加到装配中,所创建的装配体将按照组件、子装配体和总装配的顺序进行排列,并利用关联约束条件进行逐级装配,最后完成总装配模型。

在装配过程中,一般需要添加组件,将所选组件调入装配环境中,再在组件与装配体之间建立相关约束,从而形成装配模型。

4.2.1　添加组件

首先新建一个装配文件或打开一个存在的装配文件,再按下述步骤将其添加到装配中,最后将已添加部件装配到正确位置即可。

单击"装配"菜单"组件"命令组工具栏中的"添加"按钮,弹出图 4-3 所示的"添加组件"对话框。下面介绍对话框的主要选项。

单击对话框中"打开"按钮,弹出"部件名"对话框,如图 4-4 所示。选择待装配的组件。组件也可以从"已加载的部件"列表框中选取。

图 4-3　"添加组件"对话框

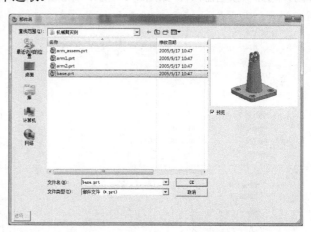

图 4-4　"部件名"对话框

(1)装配位置

"装配位置"选项用来设置组件在装配中的位置。

1)对齐。根据装配方位和光标位置选择放置面。可以将添加的组件放在平面和基准平面上面,在选择"对齐"选项时,需要选择被对齐的对象。

2）绝对坐标系-显示部件。将添加的组件放在显示部件的绝对坐标系上面。

3）绝对坐标系-工作部件。将添加的组件放在工作部件的绝对坐标系上面。

4）工作坐标系。将添加的组件放在工作坐标系上面。

（2）循环定向

"循环定向"选项用来重置组件在装配中的位置。

1）🔄重置已对齐组件的位置和方向。

2）⤵将组件定向至 WCS。

3）⌧反转选定组件锚点的 Z 向。

4）⌧围绕 Z 轴将组件从 X 轴旋转 90° 到 Y 轴。

（3）放置

1）移动。用于通过"点"对话框或坐标系操控器指定部件的方位。

2）约束。用于通过装配约束放置部件。

采用自底向上的方式装配时，一般首先选择重要的或基础的零件作为第一个组件。位置可选择"绝对坐标系-工作部件"方法定位。"放置"选项选择"移动"，采用默认的位置，或指定原点为定位点。

4.2.2 装配约束

约束条件是指各组件的面、边、点等几何对象之间的装配关系，用以确定组件在装配中的相对位置。约束条件由一个或多个配对约束组成。

当添加第一个组件后继续添加组件时，在"添加组件"对话框中，将"放置"方式选为"约束"，如图 4-5 所示，对话框显示组件的装配约束。

UG NX 对于新添加组件的预览，需要在"添加组件"对话框中展开"设置"→"互动选项"子选项组，选择"预览窗口"，如图 4-6 所示。添加组件后，在软件界面右下角显示组件预览窗口。

图 4-5 "添加组件"对话框

图 4-6 选择"预览窗口"

装配"约束类型"选项组提供了确定组件装配关系的具体方式。

（1）▣接触对齐

使被约束的两个组件彼此接触或对齐。对于平面对象，两平面共面。对于圆柱面，两圆柱面重合且轴线一致，效果与中心配合相似。接触对齐是最常用的约束。

"接触对齐"选项有 4 个子选项，含义如图 4-7 所示。

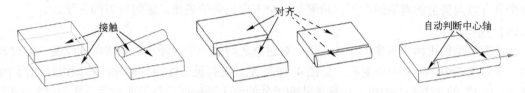

图 4-7 接触对齐示意图

1）首选接触。当接触和对齐都可行时，显示"接触"约束（在大多数模型中，"接触"约束比"对齐"约束更常用）。当"接触"约束使装配出现过度约束时，将显示"对齐"约束。

2）接触。约束对象，使其曲面法向在反方向上。

3）对齐。约束对象，使其曲面法向在相同的方向上。

4）自动判断中心/轴。在选择圆柱面或圆锥面时，指定 UG NX 使用面的中心或轴而不是面本身作为约束。

如果有两个解，则单击返回上一个约束，⊠按钮可以在可能的解之间切换。

（2）◎同心

约束两个组件的圆形边界或椭圆边界，以使中心重合，并使边线的平面共面，如图 4-8 所示。

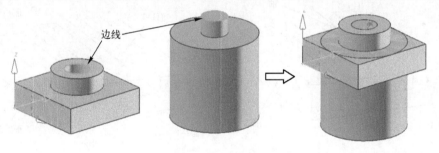

图 4-8 "同心"约束

（3）▥距离

该约束类型用于指定两个配对对象间的最小 3D 距离。距离可以是正值也可以是负值，正负号确定了相配组件在基础组件的哪一侧，配对距离由"距离"文本框中的数值决定，如图 4-9 所示。

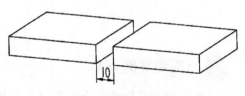

图 4-9 "距离"约束

（4）⊥固定

将组件固定在其当前位置上。要确保组件停留在适当位置，当根据某一组件来约束其他组件时，此约束很有用。

（5）⫽平行

该约束类型约束两个对象的方向矢量彼此平行。

（6）⬛垂直

该约束类型约束两个对象的方向矢量彼此垂直。可以和"平行"约束对应理解，凡是可以定义"平行"约束的对象都可以定义为"垂直"约束。

（7）⬛角度

该约束类型是在两对象之间定义角度，用于约束相配组件到正确位置上。"角度"约束可以在两个具有方向矢量的对象间产生，角度是两个方向矢量的夹角，逆时针方向为正。

（8）⬛中心

该约束类型约束两个对象的中心，使一对对象之间的一个或两个对象居中，或使一对对象沿着另一个对象居中，使其中心对齐，如图 4-10 所示。选择被装配组件的轴线和原组件的两个面，实现"1 对 2"的"中心"约束。选择被装配组件的两个面和原组件的两个面，实现"2 对 2"的"中心"约束，如图 4-11 所示。

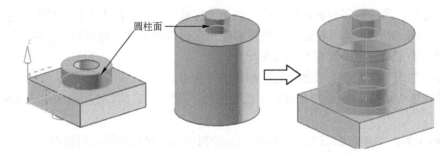

图 4-10 轴"中心"约束示意图

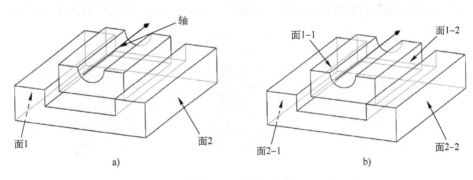

图 4-11 "1 对 2"和 "2 对 2""中心"约束示意图

a）1 对 2 b）2 对 2

 应用案例 4-1

本案例按照自底向上方法装配机械臂，如图 4-12 所示。

操作步骤

1）启动 UG NX，新建装配文件 mach_asm.prt，进入装配模块，弹出图 4-13 所示的"添加组件"对话框。单击"打开文件"

图 4-12 机械臂模型

按钮，设置路径 "…\chap4\机械臂实例"，选择文件 base.prt。如图 4-14 所示。"装配位置"选择 "绝对坐标系-工作部件"，单击 "确定" 按钮，完成第一个组件的添加，如图 4-15 所示。

图 4-13 "添加组件" 对话框 1

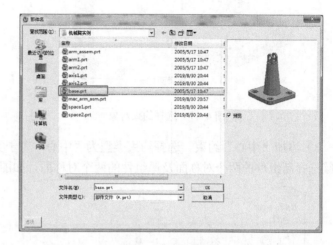

图 4-14 选择组件

2）添加组件和约束。单击 "装配" 菜单中 "组件" 命令组工具栏中 "添加" 按钮，弹出图 4-16 所示的对话框。设置路径 "…\chap4\机械臂实例"，选择文件 arm1.prt。装配位置不变，"放置"选择 "约束"。约束类型选择 "接触对齐"，"方位" 为 "自动判断直线/轴"，如图 4-16 所示。选择组件 "arm1" 的内孔面和原组件 base 的内孔面，如图 4-17 所示。添加的组件发生位置改变，结果如图 4-18 所示。

图 4-15 机械臂基座模型

图 4-16 "添加组件" 对话框 2

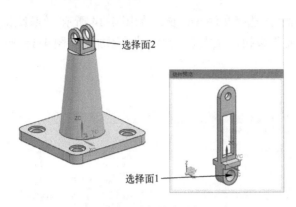

图 4-17　选择约束对象　　　　　　　　图 4-18　中心轴约束结果

3）添加"中心"约束。选择约束类型为"中心"，"子类型"为"2 对 2"，如图 4-19 所示。连续选择新组件的两个对称面及原组件的两个对称面，如图 4-20 所示。

图 4-19　"中心"约束-"2 对 2"　　　　　图 4-20　选择组件对称面

4）添加"角度"约束。选择约束类型为"角度"，连续选择新组件及原组件的两个面，如图 4-21 所示，"角度"输入"270"，如图 4-22 所示。结果如图 4-23 所示。

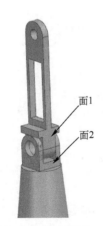

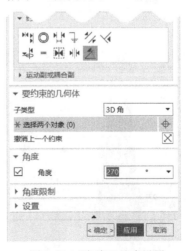

图 4-21　选择对象　　　　　　　　图 4-22　"角度"约束设置

5）添加组件和约束。单击"装配"菜单中"组件"命令组工具栏中"添加"按钮 📦，设置路径"…\chap4\机械臂实例"，选择文件"arm2.prt"。约束添加与步骤3）和4）相似，"角度"输入"200"，结果如图4-24所示。

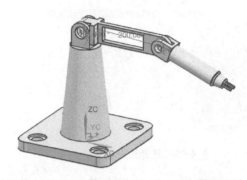

图4-23 使用"角度"约束   图4-24 添加组件 arm2 后的结果

6）添加组件和约束。单击"装配"菜单中"组件"命令组工具栏中"添加"按钮 📦，设置路径"…\chap4\机械臂实例"，选择文件"axis1.prt"。选择约束类型为"接触对齐"，"方位"为"自动判断直线/轴"。选择新组件和原组件的两个面，如图4-25所示。结果如图4-26所示。

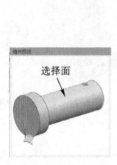

图4-25 "自动判断中心/轴"选择对象

7）添加约束。选择约束类型为"接触对齐"，"方位"为"接触"，选择新组件和原组件的两个面，如图4-27所示。

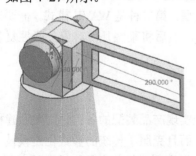

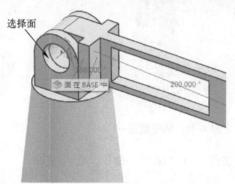

图4-26 约束结果   图4-27 选择约束面 1

8）添加组件和约束。单击"装配"菜单中"组件"命令组工具栏中"添加"按钮 📦，设置路径"…\chap4\机械臂实例"，选择文件"space1.prt"。选择约束类型为"接触对齐"，"方位""自动判断直线/轴"。选择新组件和原组件的两个面，如图 4-28 所示。

9）添加约束。选择约束类型为"接触对齐"，"方位"为"接触"，选择新组件及原组件的两个面，如图 4-29 所示。结果如图 4-30 所示。

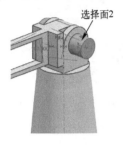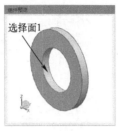

图 4-28　选择约束面 2　　　　　　　　　　　　　图 4-29　选择约束面 3

10）重复步骤 7）～10），添加第二个小轴及垫圈。结果如图 4-31 所示。

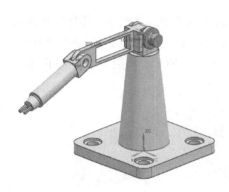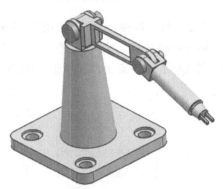

图 4-30　装配结果　　　　　　　　　　图 4-31　机械臂装配图

11）选择"文件"→"保存"命令，保存文件。

4.3　自顶向下的装配方法

自顶向下装配方法有两种：第一种基于 WAVE 几何链接器，先建立一个新组件，它不含任何几何对象，再使其成为工作部件，然后在其中建立几何模型；第二种是 WAVE 模式，需要在装配节点建立控制的几何对象（草图、曲线、曲面、实体等），然后将某些几何对象关联性复制到组件，从"装配"控制相关组件的自动更新。

4.3.1　WAVE 技术简介

WAVE（What-if Alternative Value Engineering）是一种实现产品装配的各组件间关联建模的技术。WAVE 技术是建立在传统的参数化建模技术基础上，而且克服了传统的参数化建模技术存在的缺陷而发展起来的一门技术，将传统的参数化建模技术提高到系统与产品级设计的高度。

WAVE 技术起源于车身设计，采用关联性复制几何体方法来控制总体装配结构（在不同的组件之间关联性复制几何体），从而保证整个装配和零部件的参数关联性，最适合于复杂产品的几何界面相关性、产品系列化和变形产品的快速设计。

WAVE 是在概念设计和最终产品或模具之间建立一种关联性的设计方法，能对复杂产品（如汽车车身）的总装配设计、相关零部件和模具设计进行有效的控制。总体设计可以严格控制分总成和零部件的关键尺寸与形状，而无须考虑细节设计；而分总成和零部件的细节设计对总体设计没有影响，并无权改变总体设计的关键尺寸。因此，当总体设计的关键尺寸修改后，分总成和零部件的设计自动更新，从而避免了零部件重复设计的浪费，使得后续零部件的细节设计得到有效的管理和再利用，大幅缩短了产品的开发周期，提高了企业的市场竞争能力。

WAVE 主要包括相关性管理器、几何链接器、控制结构编辑器三部分。

1）WAVE 相关性管理器。提供用户对设计更改传递的完全控制，提供关于对象和零件的详细信息。

2）WAVE 几何链接器。提供相关设计的几何信息，允许沿几何相关关系查找相关部件与零件，处理零件或部件之间的相关关系。

3）WAVE 控制结构编辑器。建立产品顶层控制结构及与之相关的下层部件关系，层层递增建立下一层的零件结构，并建立新建零部件与其上层结构的相关关系，在 WAVE 层次结构中切换显示父装配或 WAVE 源零件。不仅使得产品级的设计控制成为可能，而且为产品设计团队的并行工作提供了一个良好的环境。

利用这 3 个工具可以控制相关零部件的更新时间和更新范围；查询、编辑、冻结和切断相关零部件间的联系；可完成装配零部件间相关几何体的复制，但通常只用于同一个装配中。

WAVE 技术基本应用是相关的部件间建模（Inter-part Modeling），实现装配组件之间的几何关联；其次用于自顶向下设计（Top-Down Design），用总体概念设计控制细节的结构设计；高级应用是系统工程（System Engineering），采用控制结构方法实现系统建模。

4.3.2 WAVE 几何链接器

WAVE 几何链接器是用于组件之间关联性复制几何体的工具。一般来讲，关联性复制几何体可以在任意两个组件之间进行，例如，将装配体中一个组件的几何体复制到工作部件，也可以在装配导航器中将几何体复制到组件或新部件。链接几何体主要包括 9 种类型，对于不同链接对象，"WAVE 几何链接器"对话框中的选项会有些不同，如图 4-32 所示。

对话框中的"类型"用于指定链接的几何对象，常用的如复合曲线、点、面、草图、基准、面、体等，如图 4-33 所示。

1）复合曲线。用于建立链接曲线。选择该类型，结合使用选择过滤器，从其他组件上选择线或边缘，单击"确定"按钮，则所选线或边缘被链接到工作部件中。

2）点。用于建立链接点。选择该类型时，对话框改变为点的选择类型，按照一定的点的选取方式从其他组件上选择一点，单击"确定"按钮，则所选点或由所选点连成的线被链接到工作部件中。

3）基准。用于建立链接基准平面或基准轴。选择该类型，对话框中将显示基准的选择类型，按照一定的基准选取方式从其他组件上选择基准平面或基准轴，即可将所选基准平面或基准轴链接到工作部件中。

4）草图。用于建立链接草图。选择该类型，再从其他组件上选择草图，即可将所选草图链接到工作部件中。

5）面。用于建立链接面。选择该类型，对话框中将显示面的选择类型，按照一定的面选取方式从其他组件上选择一个或多个实体表面，即可将所选表面链接到工作部件中。

图 4-32 "WAVE 几何链接器"对话框   图 4-33 链接几何的类型

6）面区域。用于建立链接区域。选择不相邻的两个面，系统将自动遍历组件上的一个或多个实体表面，即可将所选表面链接到工作部件中。

7）体。用于建立链接实体。选择该类型，再从其他组件上选择实体，即可将所选实体链接到工作部件中。

8）镜像体。用于建立镜像链接实体。选择该类型，再选择实体，即可建立原实体的镜像体。

通过几何链接器将不同的几何对象与装配体中的工作部件链接，对几何对象和被链接的对象之间的关系可以进行各种形式的控制和设置，下面介绍几个常用的选项。

1）关联。对话框中的"关联"复选框表示所选对象与原几何体保持关联，否则，建立非关联特征，即产生的链接特征与原对象不关联。

2）隐藏原先的。选中该选项表示在产生链接特征后，隐藏原来对象。

3）固定于当前时间戳记。使用该选项可以控制从"父"零件到"子"零件的链接跟踪（Tracking）。选中该选项时，所关联复制的几何体保持当时状态，随后添加的特征对复制的几何体不产生作用，如果原几何体由于增加特征而变化，复制的几何体不会更新。不选中该选项，如果原几何体由于增加特征而变化，复制的几何体同时更新。

4）设为与位置无关。用于控制链接的几何体与原几何体的依附性。选中该选项，则链接的几何体可以自由移动改变其位置。不选中该选项，表示链接几何体与原几何体位置始终关联，其位置不能改变。

4.3.3 基于 WAVE 几何链接器的装配建模

使用 WAVE 几何链接器时，首先确认欲复制的原组件处于显示状态，并使复制到的组件——目标组件成为工作部件（Make Work Part）；然后打开"WAVE 几何链接器"对话框，选择其中一种链接几何体的类型，在图形窗口选择要复制的几何体，单击"确定"或"应用"按钮即可。

基于 WAVE 几何链接器的装配建模，要首先建立一个新组件，它不包含任何几何对象，即"空"组件，然后使其成为工作部件。具体过程如图 4-34 所示。

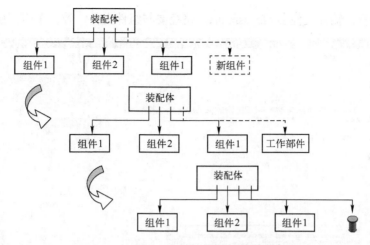

图 4-34　基于 WAVE 几何链接器的装配过程

 应用案例 4-2

本案例演示第一种自顶向下的装配过程，演示几何链接器的基本使用方法。

应用案例 4-2

设计思路

1）首先打开装配体中的主体组件文件。

2）创建该组件的父节点（父对象），建立装配关系。

3）以父节点为工作部件，新建子组件，并使其成为工作部件。

4）利用几何链接器创建主体组件的面，在部件导航器中建立链接面。

5）拉伸该链接面的边，形成新的模型文件。

6）利用自底向上方法，装配其他组件。

操作步骤

1）启动 UG NX，打开随书网盘资料 chap4\齿轮泵\bengti.prt，如图 4-35 和图 4-36 所示。

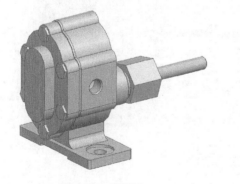

图 4-35　齿轮泵

图 4-36　泵体模型

2）创建父对象。单击"装配"菜单，进入装配环境。单击"新建父对象"按钮，弹出图

4-37 所示的对话框，输入文件名 clb_asm.prt，路径要与组件文件一致。单击"确定"按钮。

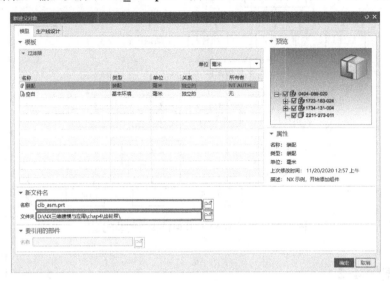

图 4-37 "新建父对象"对话框

注意：默认的设置，在新建父对象时不弹出"新建父对象"对话框，而是直接在装配导航器中列出默认的文件名。选择"文件"→"首选项"→"装配"命令，在弹出的"装配首选项"对话框（图 4-38）中设置"新建父项"方式为"从新文件选择"，新建父对象时即可弹出"新建父对象"对话框，输入文件名和路径。

3）新建组件。在"装配"菜单页面，单击"基本"工具栏中"新建组件"按钮，弹出"新建组件文件"对话框，在该对话框中输入文件名称 Cover_seal.prt，如图 4-38 所示。单击"确定"按钮。

注意：与新建父对象一样，默认的系统设置不弹出"新建组件文件"对话框，而是直接在装配导航器中列出默认的文件名。选择"文件"→"首选项"→"装配"命令，在弹出的"装配首选项"对话框中设置"新建组件"方式为"从新文件选择"。如图 4-39 所示。

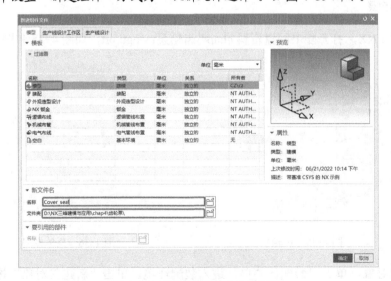

图 4-38 "新建组件文件"对话框

图 4-39　"装配首选项"对话框

4）设置工作部件。在装配导航器中双击组件 Cover_seal.prt，或者右击该组件，在弹出的快捷菜单中选择"设为工作部件"。同时绘图区域中，组件 bengti 变为半透明显示状态，如图 4-40所示。

5）链接面。切换为"装配"菜单页面，单击"常规"命令组工具栏中"几何链接器"按钮，弹出"WAVE 几何链接器"对话框，设置"类型"为"面"，如图 4-41 所示。选择泵体模型的左侧表面，如图 4-42 所示。单击"确定"按钮。部件导航器中新增特征"链接的面"，如图 4-43 所示。

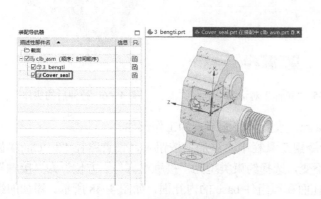

图 4-40　装配导航器及泵体模型

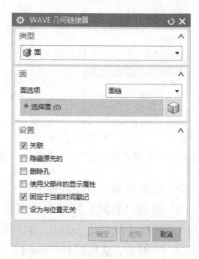

图 4-41　"WAVE 几何链接器"对话框

6）拉伸。在"主页"菜单页面中单击"拉伸"按钮，在上边框条中"曲线规则"选择"面的边"选项，如图 4-44 所示。拾取泵体模型中链接的面，起始距离为"0"，终止距离设为"2"，如图 4-45 所示。单击"确定"按钮，生成组件 Cover_seal.prt，如图 4-46 所示。

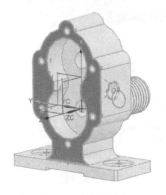

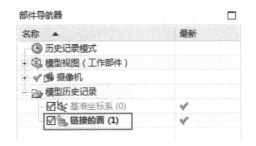

图 4-42　选择链接面　　　　　　　　　　　图 4-43　新增加的链接的面

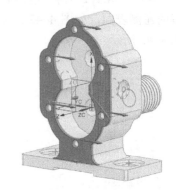

图 4-44　选择"面的边"　　　　图 4-45　"拉伸"对话框　　　　图 4-46　拉伸后的实体

7）装配泵盖。双击装配导航器 clb_asm，设置父装配节点为工作部件。

① 单击"装配"菜单中"组件"命令组工具栏中"添加"按钮，设置路径"…\chap4\齿轮泵"，选择文件 benggai.prt。装配位置不变，选择约束类型为"接触对齐"，"方位"为"接触"，如图 4-47 所示。选择组件"arm1"的内孔面和原组件 base 的内孔面，如图 4-48 所示。添加的组件发生位置改变，结果如图 4-49 所示。

② 添加约束。关闭"添加组件"对话框中"预览"选项，便于继续添加约束。选择约束类型为"接触对齐"，"方位"为"自动判断中心/轴"，如图 4-50 所示。选择组件"泵盖"的沉头孔内孔面和新建的 Cover_seal 的内孔面，如图 4-51 所示。

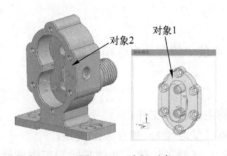

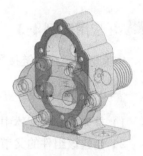

图 4-47 "添加组件"对话框 1　　　　图 4-48 选择对象 1　　　　图 4-49 "接触"约束结果

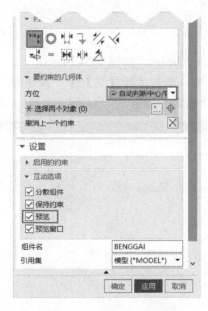

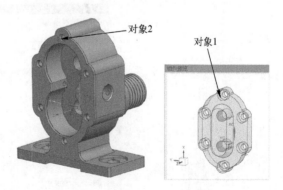

图 4-50 "添加组件"对话框 2　　　　　　图 4-51 选择对象 2

③ 添加约束。选择约束类型为"接触对齐","方位"为"对齐",选择组件"泵盖"的侧面和新建的 Cover_seal 的侧面,如图 4-52 所示。结果如图 4-53 所示。

齿轮泵其他组件的装配过程可参考本书素材,这里不再赘述,最终装配结果如图 4-53 所示。

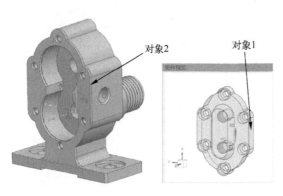

图 4-52 选择对象 3   图 4-53 装配结果

 应用案例 **4-3**

本案例演示几何链接器中的"镜像体"选项的使用方法。

 设计思路

1）首先打开装配体中的主体组件文件。
2）创建该组件的父节点（父对象），建立装配关系。
3）以父节点为工作部件，新建子组件，并使其成为工作部件。
4）利用几何链接器创建链接镜像体。

应用案例 4-3

 操作步骤

1）启动 UG NX，打开随书网盘资料 chap4\tube\down_tube.prt，如图 4-54 所示。
2）新建父对象。单击"装配"菜单，进入装配环境。单击"新建父对象"按钮▓，弹出图 4-55 所示的对话框，输入文件名 tube_asm.prt，单击"确定"按钮。

图 4-54 实体模型

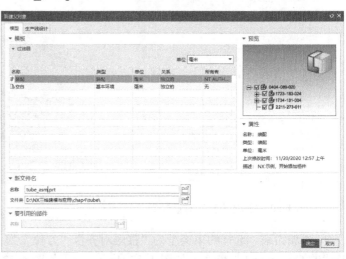

图 4-55 "新建父对象"对话框

3）新建组件。单击"新建"按钮，新建装配组件，输入文件名 up_tube.prt，单击"确定"按钮，如图 4-56 所示。

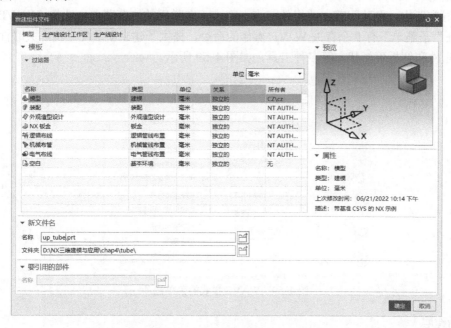

图 4-56 "新建组件文件"对话框

4）设置工作部件。在装配导航器中双击组件 up_tube.prt，或者右击该组件，在弹出的快捷菜单中选择"设为工作部件"选项。单击"几何链接器"按钮，弹出"WAVE 几何链接器"对话框，设置"类型"为"镜像体"，如图 4-57 所示。选择实体模型，镜像平面选择基准坐标的 XOY 面。结果如图 4-58 所示。

5）测试。此时，组件 up_tube.prt 的外形尺寸将随 down_tube.prt 的改变而改变。

图 4-57 WAVE 几何链接器设置

图 4-58 完成镜像体的链接

装配导航器中,在装配节点或组件节点上右击,在弹出的快捷菜单中选择"WAVE"选项,在"WAVE"子菜单下有 9 个有关 WAVE 操作的命令,提供了建立新装配结构、关联性复制几何体、冻结组件和解析更新状态等多种工具,如图 4-59 所示。

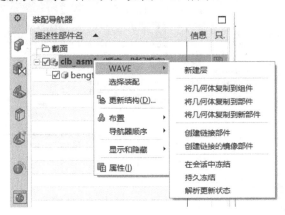

图 4-59   WAVE 模式的菜单选项

1.新建层

该选项可在选中节点下建立一个新组件,同时把几何对象复制到新组件中。

在装配导航器中,通过 WAVE 模式的"新建层"选项可以在装配中建立新的组件。"新建层"对话框如图 4-60 所示。

1)指定部件名。单击"指定部件名"按钮,弹出"选择部件名"对话框,如图 4-61 所示。选择路径并输入文件名,指定的部件名和路径显示在"部件名"文本框内。也可以在文本框内直接输入路径和部件名,如果不输入路径,则新部件与原部件相同路径。

图 4-60   "新建层"对话框

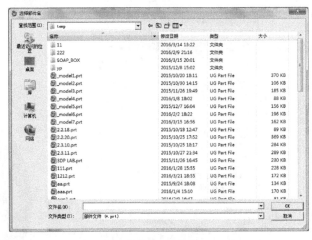

图 4-61   "选择部件名"对话框

2)几何对象选择。辅助完成将被复制到新部件的几何对象。可以设置"过滤"选项,选择几何类型,如点(线或边的控制点)、线(实体或片体的边)、面、体、基准等。如果对象难以选择，则可以单击类选择按钮来完成。

2．将几何体复制到组件

使用 WAVE 子菜单中的"将几何体复制到组件"命令建立关联性复制更加方便，无须设置工作部件，只要用光标在装配导航器中直接选择需要复制的组件即可。这种复制方法更加有利于选择目标，使用 WAVE 几何链接器可以选择装配中任意组件的几何体，但该方法只能选择单一组件内的几何体。因此，在操作时必须将鼠标指针置于欲选择的组件上，再执行命令。

该命令可以在任意组件或子装配之间关联性复制几何体，但是不能复制到总装配。这是与 WAVE 几何链接器的不同之处。

执行"将几何体复制到组件"命令后会出现"部件间复制"对话框，如图 4-62 所示。"选择步骤"选项的左侧按钮用于选择需要复制的几何体，右侧按钮用于选择复制到的目标组件，目标组件可以在图形窗口中选择，也可以在装配导航器中选择。

3．将几何体复制到部件

该选项用于将一个组件内的几何对象关联性复制到另一个已经存在的部件中，所建立的链接特征与位置无关，可以使用"编辑"→"移动对象"命令来移动。如果包含链接特征的组件在装配中进行配对或重定位，链接特征将一起移动。

选择该选项时系统会显示图 4-63 所示的信息提示："该操作将在目标部件创建链接特征，这些部件的定位将独立于在源部件中的几何体的位置"。

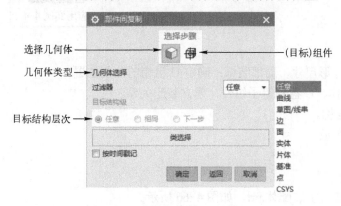

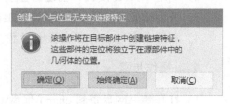

图 4-62 "部件间复制"对话框   图 4-63 信息提示

● 确定：该提示信息将在下一次执行相同操作时再次显示。
● 始终确定：选择该选项后，在下一次执行相同操作时不再显示该提示信息。
● 取消：终止操作。

将几何体复制到部件的操作方法与将几何体复制到组件相似，在单击图 4-63 所示对话框中的"确定"或"始终确定"按钮后，选择已经存在的部件，再选择源几何对象，可实现将选择的几何体复制到指定的部件。其流程如图 4-64 所示。

4．将几何体复制到新部件

该选项也是建立一个与位置无关的链接特征，其本质是新建一组件，并将指定的几何对象复制到新部件。操作方法与将几何体复制到部件相似，区别在于用一个"建立新部件"对话框取代了"部件间复制"对话框，当建立新部件后，再将几何对象复制到新部件中。

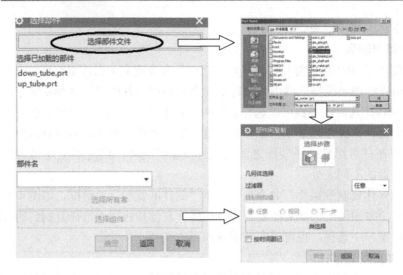

图 4-64　将几何体复制到部件流程

 应用案例 4-4

以 U 盘设计过程为例，演示 WAVE 模式的自顶向下设计过程。U 盘装配爆炸模型如图 4-65 所示。

应用案例 4-4

 设计思路

1）先设计 U 盘的总体结构，包括外形尺寸、局部装饰；确定 U 盘帽的分割位置。

2）利用 WAVE 模式，创建 U 盘基体、U 盘帽等子组件，建立装配关系。

3）分别编辑子组件，设计合理的结构。

4）利用自底向上的方法装配 U 盘主板。

 操作步骤

1）打开随书网盘资料 chap4\优盘\U 盘主装配体.prt，如图 4-66 所示。

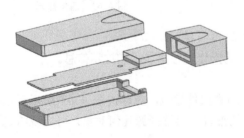

图 4-65　U 盘装配爆炸模型

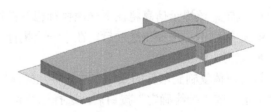

图 4-66　U 盘主装配体

2）创建优盘帽。

① 启动 WAVE 模式。在装配导航器的空白处右击，在弹出的快捷菜单中选择"WAVE 模式"，如图 4-67 所示。

② 创建 U 盘帽组件。在装配导航器中右击"U 盘主装配体"，选择"WAVE"→"新建层"

命令（见图 4-68），弹出图 4-69 所示的"新建层"对话框。输入"部件名"为"U 盘帽"，单击
"类选择"按钮，在弹出的对话框中单击"类型过滤器"按钮，如图 4-70 所示，在"按类型选
择"对话框中选择。"实体"，"曲线"和"片体"，如图 4-71 所示，单击"确定"按钮，再单击
图 4-70 中的"全选"按钮，连续单击"确定"按钮，完成新组件创建。

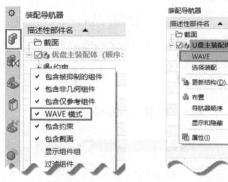

图 4-67　选择 WAVE 模式　　　　图 4-68　新建层　　　　图 4-69　"新建层"对话框

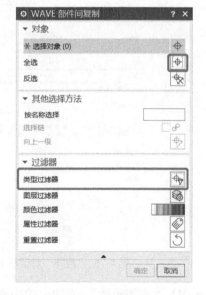

图 4-70　"WAVE 部件间复制"对话框　　　图 4-71　选择过滤器

③ 创建 U 盘帽。在装配导航器中双击"U 盘帽"，设置其为工作部件。在"主页"菜单页面，
单击"基本"工具栏中的"修剪体"按钮，弹出图 4-72 所示的"修剪体"对话框。"目标"选
择 U 盘帽，"工具"选择截面 2，如图 4-73 所示。

④ 创建 USB 插头方孔。拉伸矩形曲线，如图 4-74 所示。"距离"为"45+13"，布尔运算为
"减去"，表示在 U 盘帽中创建深 13 的矩形孔。拉伸参数如图 4-75 所示，结果如图 4-76 所示。

⑤ 创建 USB 插头保护方孔。再次拉伸该矩形，"偏置"选择"两侧"，开始值为"0"，结束
值为"1"。隐藏除 U 盘帽之外的部件，拉伸参数如图 4-77 所示。结果如图 4-78 所示。

3）创建 U 盘基体。与创建 U 盘帽过程相似，首先新建 U 盘基体组件，然后将 U 盘基体设

置为工作部件，修剪 U 盘主装配体，形成 U 盘基体。

图 4-72 "修剪体"对话框

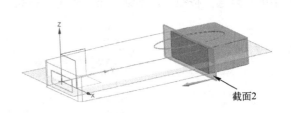

截面2

图 4-73 修剪 U 盘帽

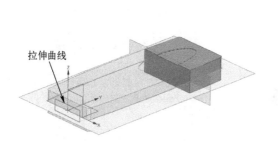

拉伸曲线

图 4-74 拉伸矩形曲线

图 4-75 "拉伸"对话框 1

① 创建 U 盘基体组件。在装配导航器中右击"U 盘主装配体"，在弹出的快捷菜单中选择"WAVE"→"新建层"命令，输入"部件名"为"U 盘基体"，在"按类型选择"对话框中选择"实体""曲线"和"片体"，连续单击"确定"按钮，完成 U 盘基体组件的创建。结果如图 4-79 所示。

② 创建 U 盘基体。在装配导航器中左键双击"U 盘基体"，设置其为工作部件。在"主页"菜单页面，单击"基本"工具栏中的"修剪体"按钮 ，"目标"选择 U 盘基体，"工具"选择截面 2，注意修剪方向，如图 4-80 所示。

③ 创建 USB 保护体。拉伸矩形曲线，拉伸参数如图 4-81 所示，"距离"为"47"，单侧偏置为"1"，结果如图 4-82 所示。

4）创建 U 盘基体上盖。将 U 盘基体从对称面一分为二，形成上盖和下盖。首先新建上盖组件，然后将上盖设置为工作部件，修剪 U 盘基体，形成 U 盘上盖。

图 4-76 拉伸结果 1

图 4-77 "拉伸"对话框 2

图 4-78 U 盘帽

图 4-79 创建 U 盘基体组件

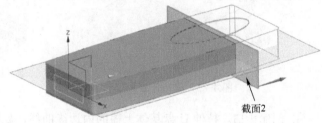

图 4-80 修剪主装配体

图 4-81 "拉伸"对话框 3

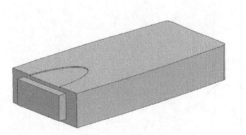

图 4-82 拉伸结果 2

① 创建上盖组件。在装配导航器中右击"U 盘基体",在弹出的快捷菜单中选择"WAVE"→"新建层"命令,输入"部件名"为"U 盘基体上盖",在"按类型选择"对话框中选择"实体""曲线"和"片体",连续单击"确定"按钮,完成上盖组件的创建。结果如图 4-83 所示。

② 创建上盖。在装配导航器中左键双击"U 盘基体",设置其为工作部件。在"主页"菜单页面,单击"基本"工具栏中的"修剪体"按钮,"目标"选择 U 盘基体上盖,"工具"选择截面1,注意修剪方向,如图 4-84 所示。

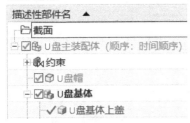

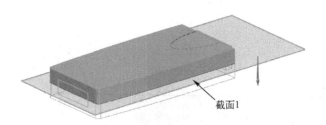

图 4-83　创建上盖组件　　　　　　　　　　　　　图 4-84　修剪主装配体

③ 抽壳。选择两个面为开放面,如图 4-85 所示;输入"厚度"为"1",结果如图 4-86 所示。

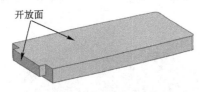

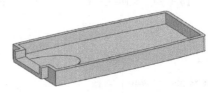

图 4-85　选择开放面　　　　　　　　　　　　　图 4-86　抽壳结果

④ 创建止口。拉伸 U 盘基体上盖的内边缘曲线,如图 4-87 所示,结束距离为"0.5",两侧偏置,开始值为"0",结束值为"0.4",如图 4-88 所示,结果如图 4-89 所示。

图 4-87　拉伸内边缘曲线　　　　　图 4-88　拉伸参数　　　　　图 4-89　拉伸结果 3

5）创建 U 盘基体下盖。

① 重复步骤 4），创建 U 盘基体下盖。注意在修剪时选择反向。如图 4-90 所示。

② 创建止口。拉伸 U 盘基体下盖的内边缘曲线，结束距离为 "0.4"；双侧偏置，开始和结束值分别为 "0" 和 "0.4"，拉伸时布尔操作为 "求和"。结果如图 4-91 所示。

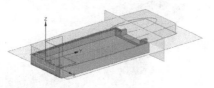

图 4-90 下盖模型

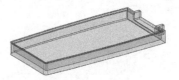

图 4-91 下盖止口

③ 创建 U 盘基体下盖主板固定块，尺寸如图 4-92 所示，隐藏除基体下盖之外的部件，结果如图 4-93 所示。

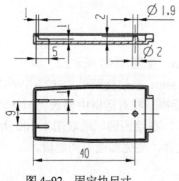

图 4-92 固定块尺寸

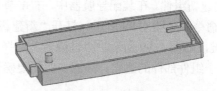

图 4-93 U 盘基体下盖

6）装配 U 盘主板。在 U 盘基体下盖上添加主板，在装配导航器里隐藏除基体下盖外的零件，选择工具栏中的 "装配" 命令，单击 "添加组件" 按钮，选择主板进行装配。结果如图 4-94 所示。至此，U 盘自顶向下设计完成，结果如图 4-95 所示。

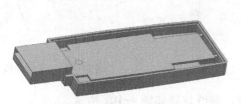

图 4-94 U 盘主板装配

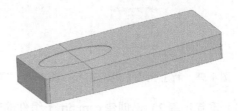

图 4-95 U 盘整体装配结果

 应用案例 4-5

本案例演示另外一种基于 WAVE 模式的自顶向下的装配设计方法。装配文件包含对象如图 4-96 所示，这些对象信息可控制子组件大小和位置。装配设计结果如图 4-97 所示。

应用案例 4-5

 设计思路

1）首先打开装配体中的主体组件文件。

2）创建该组件的父节点（父对象），建立装配关系。

3）以父节点为工作部件，新建子组件，并使其成为工作部件。

4）利用几何链接器创建链接镜像体。

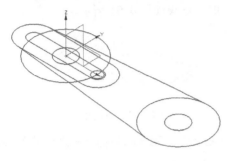

图 4-96 装配文件包含对象

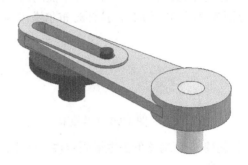

图 4-97 装配模型

 操作步骤

1）打开随书网盘资料 chap4\曲柄机构\crank_asm.prt。如图 4-96 所示。

2）创建新组件。在装配导航器中，右击节点 crank_asm，在快捷菜单中选择 "WAVE" → "新建级别" 命令，如图 4-98 所示。打开 "新建级别" 对话框。在对话框中输入 "部件名" arm，按〈Enter〉键，如图 4-99 所示。"过滤器" 选择 "曲线"，在绘图区域选取图 4-100 所示的曲线。完成 arm 子组件部件的建立。注意，曲线要确认全部选择，避免漏选中间线段。

图 4-98 新建子组件

图 4-99 "新建级别" 对话框

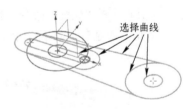

图 4-100 选择曲线 1

3）重复步骤 2），创建 cam.prt 子组件的部件，曲线选择如图 4-101 所示。

4）重复步骤 2），创建 shaft.prt 子组件的部件，曲线选择如图 4-102 所示。装配导航器如图 4-103 所示。

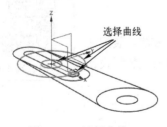

图 4-101 选择曲线 2

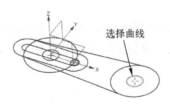

图 4-102 选择曲线 3

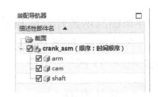

图 4-103 装配导航器

5）创建 arm。

① 设置工作部件。在装配导航器中双击组件 arm，或右击组件，在快捷菜单中选择"设为工作部件"，此时，组件 arm 高亮显示，变为工作部件，如图 4-104 所示。

② 在 UG NX"主页"菜单页面中，单击"拉伸"按钮，弹出图 4-105 所示的"拉伸"对话框。在"限制"选项组中选择"宽度"为"对称值"，"距离"为"4"。在绘图区选择图 4-106 所示的曲线，拉伸实体如图 4-107 所示。

图 4-104　设置组件 arm 为工作部件

图 4-105　"拉伸"对话框

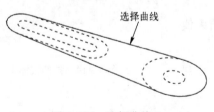

图 4-106　选择曲线 4

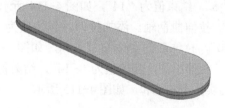

图 4-107　拉伸实体结果 1

③ 拉伸，选择曲线，如图 4-108 所示，在"限制"选项组中选择"宽度"为"对称值"，"距离"为"6"。拉伸后的实体布尔求和，结果如图 4-109 所示。

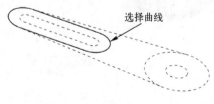

图 4-108　选择曲线 5

图 4-109　拉伸实体结果 2

④ 拉伸，选择曲线，如图 4-110 所示，在"限制"选项组中选择"宽度"为"对称值"，"距离"为"10"。拉伸后的实体布尔求和，结果如图 4-111 所示。

⑤ 拉伸，选择曲线，如图 4-112 所示，在"限制"选项组中选择"宽度"为"对称值"，"距离"为"10"。拉伸后的实体布尔求差，结果如图 4-113 所示。

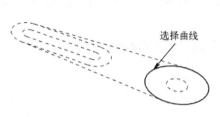

图 4-110　选择曲线 6

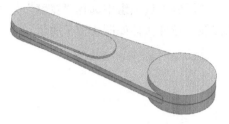

图 4-111　拉伸实体结果 3

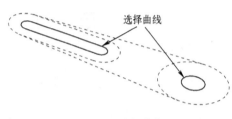

图 4-112　选择曲线 7

图 4-113　拉伸实体结果 4

6) 创建 cam。

① 在装配导航器中双击组件 cam，或右击组件，在快捷菜单中选择"设为工作部件"，此时，组件 cam 高亮显示，变为工作部件。

② 拉伸。按照步骤 5) 的方法，添加拉伸特征，起始值为"6"，结束值为"14"，如图 4-114 所示。

③ 拉伸曲柄轴。添加拉伸，起始值为"6"，结束值为"30"，拉伸后的实体布尔求和，如图 4-115 所示。

④ 拉伸小圆，起始值为"-14"，结束值为"10"，拉伸后的实体布尔求和，如图 4-115 所示。

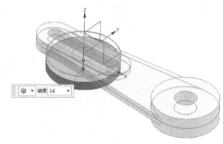

图 4-114　拉伸实体 1

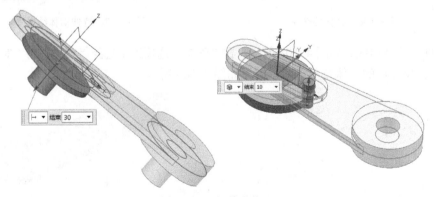

图 4-115　拉伸实体 2

7）创建 shaft。

① 在装配导航器中双击组件 shaft，或右击组件，在快捷菜单中选择"设为工作部件"，此时，组件 shaft 高亮显示，变为工作部件。

② 拉伸，添加拉伸特征，起始值为"-5"，结束值为"40"，如图 4-116 所示。

8）调整各组件的显示颜色，链接部件的装配模型如图 4-116 所示。

图 4-116　拉伸实体 3

9）保存文件。

4.4　爆炸装配图

爆炸图是指在装配模型中，按装配关系沿指定的轨迹拆分已装配零件的图形。爆炸图的创建可以方便查看装配中的零件及相互装配关系，如图 4-117 所示。

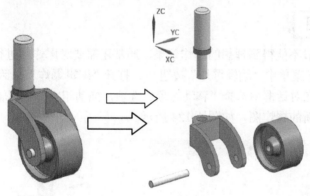

图 4-117　装配爆炸图

4.4.1　建立爆炸图

单击"装配"菜单中"爆炸图"按钮 🖉 ，弹出图 4-118 所示的"爆炸图"子菜单。通过该子菜单中的选项可以实现爆炸图的创建、编辑和其他各种操作。

单击"爆炸图"子菜单中"新建爆炸"按钮 🐾 ，弹出图 4-119 所示的"新建爆炸"对话框。在"名称"文本框中输入爆炸图名称，单击"确定"按钮即可建立新爆炸图。

创建新的爆炸图后视图并没有发生变化，接下来就必须使组件炸开。UG NX 装配组件爆炸的方式为自动爆炸，即基于组件关联条件，沿表面的正交方向自动爆炸组件。

单击"爆炸图"子菜单中"自动爆炸组件"按钮 🐾 ，打开"类选择"对话框，选中所有组件，如图 4-120 所示。单击"确定"按钮，打开"自动爆炸组件"对话框，在"距离"文本框中输入参数值"5",如图 4-121 所示,单击"确定"按钮,即完成装配的自动爆炸。爆炸结果如图 4-122 所示。

图 4-118 "爆炸图"子菜单

图 4-119 "新建爆炸"对话框

图 4-120 选择组件 　　　　图 4-121 设置爆炸距离 　　　　图 4-122 创建爆炸图

4.4.2 编辑爆炸图

采用自动爆炸一般不能得到理想的爆炸效果,通常还需要对爆炸图进行调整。

单击"爆炸图"子菜单中"编辑爆炸"按钮 ,打开"编辑爆炸"对话框,如图 4-123 所示。选择待移动的组件,在对话框中选择"移动对象"选项,拖动相应的坐标轴(此处拖动 Z 轴)至合适位置,即可得到新的爆炸图,如图 4-124 所示。

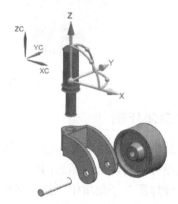

图 4-123 "编辑爆炸"对话框 　　　　图 4-124 编辑爆炸组件

4.4.3 取消爆炸图

爆炸操作完成后,如果不需要该操作,可以取消爆炸图。

单击"爆炸图"子菜单中"取消爆炸组件"按钮 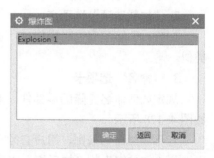，框选爆炸的所有组件，即可取消爆炸图。

4.4.4 删除爆炸图

爆炸操作完成后，如果不需要该操作，可以删除爆炸图。

单击"爆炸图"子菜单中"删除爆炸"按钮 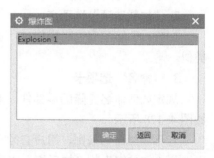，弹出"爆炸图"对话框，如图 4-125 所示，选择爆炸图名称，单击"确定"按钮即可删除爆炸图。

图 4-125 "爆炸图"对话框

4.5 克隆装配

UG NX 装配克隆功能提供了另外一种自顶向下的装配方法。根据提供的现有装配创建或复制一个新装配或一组相关装配，新创建的装配与原装配具有完全相同的装配结构、装配约束关系或关联性。例如，可以建立一个现有装配的多个版本，它们有一共同组件的核心集，克隆的装配组件可以被修改，也可以添加新组件以满足新的设计要求。

进入装配应用模块，选择"装配"→"克隆"→"创建克隆装配"命令，弹出"克隆装配"对话框，如图 4-126 所示。

1. "主要"选项卡

1）添加装配。为克隆操作选择一个装配，选择的装配组件包括在克隆操作中。该选项一次可以选择多个装配包括在克隆操作中。

2）添加部件。类似添加装配，除去组件不包括在克隆操作中，该选项一次也可以选择多个部件包括在克隆操作中。

3）报告。报告选项如图 4-127 所示。

图 4-126 "克隆装配"对话框

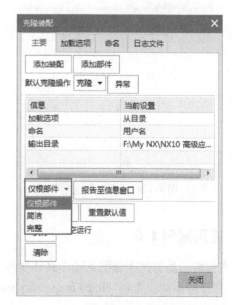

图 4-127 报告选项

- 仅根部件（root parts only）。报告装入操作内的所有的顶级装配，但组件不包括在报告中。
- 简洁（terse）。仅报告部件的输入和输出名。
- 完整（full）。生成一个完整的报告，包括每一种子部件将采取什么动作和在克隆的装配中新部件名字是什么。

2. "加载选项"选项卡

加载一个装配到克隆操作时，定义操作的加载方法和搜索目录。该选项与"添加装配"选项类似。

3. "命名"选项卡

规定如何命名克隆的零部件。通过"定义命名规则"命令，定义克隆组件默认的命名选项，如图 4-128 所示。

若不添加命名规则，用户必须一个一个地重新指定部件的名称，或者在"命名规则"对话框中选择"加前缀"或"加后缀"来自动命名。新的装配体无法保持和原装配体名字一致，但这里有个小技巧。若原装配文件在命名中都存在如"_"之类的特殊符号，那么可以通过"替换"命名方式用" "来替换"_"，这样就能保证新的装配体和原装配文件命名的一致。

4. 输出目录

新的装配体保存的路径，系统会把选定装配体及其子零件统一另存到新的目录下，如图 4-128 所示。

5. "日志文件"选项卡

在执行克隆之后，一个克隆记录文件会出现在信息窗口，可以选择存储到一个文件中，如图 4-129 所示。克隆记录文件摘录了克隆操作期间执行的活动，包括从输入到输出装配的映像。

图 4-128　"命名"选项卡

图 4-129　记录文件选项

应用案例 4-6

本案例演示如何使用装配克隆，具体操作步骤如下。

1）打开随书网盘资料 chap4\huqian\hq_asm.prt 的装配文件，如图 4-130 所示。

应用案例 4-6

2）选择"装配"→"克隆"→"创建克隆装配"命令，打开"克隆装配"对话框。在"主要"选项卡中单击"添加装配"按钮，打开"添加装配到克隆操作"对话框。在该对话框中选择 hq_asm.prt，然后单击"确定"按钮，如图 4-131 所示。

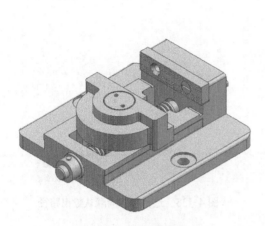

图 4-130　实体装配模型

图 4-131　"克隆装配"对话框

3）在"默认克隆操作"下拉列表中选择"克隆"，如图 4-132 所示。

4）在"命名"选项卡中单击"定义命名规则"按钮，打开"命名规则"对话框。在该对话框中选择"加前缀"，输入"CL1"，单击"确定"按钮，如图 4-133 和图 4-134 所示。

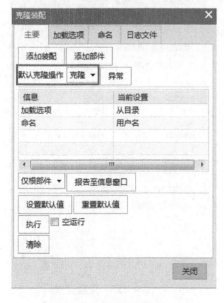

图 4-132　克隆装配设置

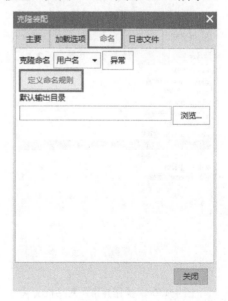

图 4-133　命名主页

5）单击"浏览"按钮，选择文件的默认输出路径，如图 4-135 所示。

图 4-134 "命名规则"对话框

图 4-135 选择文件的默认输出路径

6）单击"异常"按钮，打开"操作异常"对话框，"新建操作"选择"保持"，选择 luoding（操作意图：不对 luoding.prt 进行装配克隆），如图 4-136 所示。

7）在"主要"选项卡中，选择"完整"选项；单击"报告至信息窗口"按钮，如图 4-137 所示。

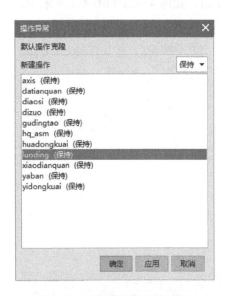

图 4-136 "操作异常"对话框

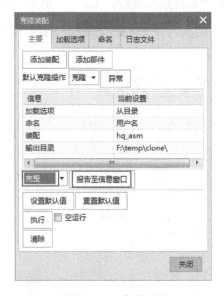

图 4-137 克隆设置

8）在打开的"信息"窗口中查看所有部件的状态，如图 4-138 所示。

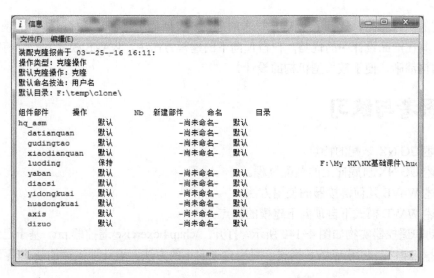

图 4-138 "信息"窗口

9）返回"克隆装配"对话框，选中"空运行"复选框，单击"执行"按钮，如果"信息"窗口显示所有克隆部件的列表而没有出现错误提示，则说明可以成功克隆这个装配，如图 4-139 所示。

10）查看路径下的文件生成结果。在 clone 文件夹下生成了 cl1_hq_asm.prt 总装，在 clone 文件夹下生成了其他组件，并没有生成 luoding.prt 文件。

图 4-139 执行克隆装配操作

4.6 本章小结

本章首先介绍 UG NX 装配的方法，以示例的形式叙述了自底向上的装配过程，重点讲述自顶向下装配的两种思路，分析了 WAVE 技术的起源、发展概况，以及几何链接器的使用、编辑方法，总结了其在产品设计中的优势。在自顶向下的建模方法中，WAVE 模式具有独特的优势，操作简单，结构清晰，便于较大型机构的设计。

4.7 思考与练习

1）简述 UG NX 装配的特点。

2）简述 UG NX 自底向上的装配过程。

3）简述 WAVE 几何链接器的使用方法。

4）简述 WAVE 模式下自顶向下建模的优点。

5）电动车遥控器实物如图 4-140 所示，打开...\chap4\exercise\遥控器.prt，基于已经设计好的草图（见图 4-141），利用 WAVE 模式，采用自顶向下的方法，设计遥控器的装配模型。

 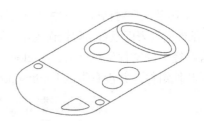

图 4-140　电动车遥控器实物图片　　　　图 4-141　电动车遥控器设计草图

第5章 工 程 图

工程图是基于创建的三维实体模型的二维投影所得到的二维视图，因此，工程图与三维实体模型是完全关联的。实体模型的尺寸、形状和位置的任何改变，都会引起二维工程图的变化。UG NX 的工程制图模块提供了创建和管理工程图的完整过程和工具，通过直观友好的操作界面，建立和管理装配图和零件图，为工程图样的生成和管理提供了一个方便快捷的工具。

学习目标
- ❑ 工程图的管理
- ❑ 视图布局的设置方法
- ❑ 视图的添加和管理
- ❑ 剖视图的应用
- ❑ 视图标注功能

5.1 工程图管理

在 UG NX 环境中，一个 3D 模型可以通过不同的投影方法、不同的图样尺寸和不同的比例建立多个工程图。工程图管理功能包括新建工程图、打开工程图、删除工程图和编辑工程图等基本功能。

5.1.1 创建工程图图纸页

在建模环境下完成模型设计后，单击"应用模块"菜单，在"文档"命令组工具栏中单击"制图"按钮 ◢，进入制图功能模块，并自动打开"工作表"对话框。也可在进入工程图模块后，单击"新建图纸页"按钮 ◳，打开"工作表"对话框，如图 5-1 所示。在该对话框中指定图样名称、图纸尺寸和投影比例等参数后，即可完成工程图图纸的创建。这时在绘图工作区会显示新建工程图，其工程图名称会显示在绘图区左下角的位置。

1. 大小

用于指定图纸的尺寸规格，指定方法有 3 种。

1）使用模板：选中该选项后，图纸页模板列表框可用，可从该列表框中选择图纸页模板。

2）标准尺寸：选中该选项后"大小"列表框和"比例"列表框可用，可从该列表框中选择标准大小图纸。

3）定制尺寸：允许自定义图纸页的高度和长度。

2. 名称

"图纸中的图纸页"列表框中列出了部件文件中的所有图纸页，在"图纸页名称"文本框中可输入新建工程图的名称。

3. 设置

1）单位。设定工程图的单位。

2）投影。提供视图的投影角度选项，即第一象限角投影 ◁◎，第三象限角投影 ◎◁。按我国制图标准，一般应选择第一象限角投影的投影方式。

3）始终启动视图创建。设置图纸页创建完毕后是否直接启动视图创建，以及视图创建的命令。

5.1.2 编辑工程图图纸页

在创建工程图的过程中，如果想更换一种表现三维模型的方式（如增加剖视图等），那么将需要修改原来设置的工程图（如图纸规格、比例不适当），通过编辑功能可以对已有的工程图进行修改。

在制图环境下，单击"编辑图纸页"按钮 ⬚，弹出"工作表"对话框，如图 5-2 所示。可按前面介绍的建立工程图的方法，在对话框中修改已有工程图的名称、尺寸、比例和单位等参数。完成修改后，系统就会以新的工程图参数来更新已有的工程图。

在部件导航器中也记录了图纸页的生成过程。单击导航器中"部件导航器"按钮 ⬥，在展开的部件导航器中显示新建工程图中的图纸页，如图 5-3 所示。选择要修改的图纸页并右击，在弹出的快捷菜单中选择"编辑图纸页"选项即可修改。

图 5-1 "工作表"对话框 1　　　　图 5-2 "工作表"对话框 2　　　　图 5-3 部件导航器中的图纸页

5.1.3 删除工程图图纸页

在制图过程中，可能需要删除不需要的视图，方法有 3 种。

1）在绘图区单击要删除的视图，使该视图高亮显示，然后选择"菜单"→"编辑"→"删除"选项。如果指定的视图是父视图，即有其他视图是它的投影视图或剖视图，这些视图也会被一同删除。

2）打开部件导航器中的"图纸"选项，单击要删除的视图，选择"删除"选项。同样，如果指定的视图是父视图，即有其他视图是它的投影视图或剖视图，这些视图也会被一同删除。

3）在绘图区右击删除的视图，在弹出的快捷菜单中选择"删除"选项，如图 5-4 所示。

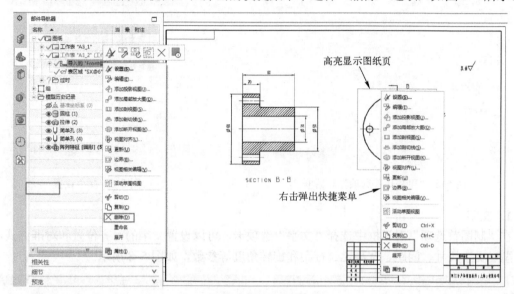

图 5-4　删除图纸页

5.2　工程图设置

为了提高工程图制图的效率，同时符合制图的习惯，在添加工程图之前，应当先设置工程图有关参数，以满足设计要求。

5.2.1　工程图背景

UG NX 工程图背景默认颜色为灰色，实际工作中，往往需要白色的工程图背景。单击"视图"菜单中"首选项"按钮，或者选择"菜单"→"首选项"→"可视化"子菜单，系统将弹出"可视化首选项"对话框，如图 5-5 所示。选择"颜色"→"图纸布局"，切换到"图纸和布局颜色"选项组，单击"背景"按钮，系统将弹出"颜色"对话框，如图 5-6 所示，选择需要设置的背景颜色，这里选择白色，单击两次"确定"按钮完成背景设置。

5.2.2　制图首选项

在制图环境下，选择"菜单"→"首选项"→"制图"命令，弹出"制图首选项"对话框。可以设置视图、注释、原点、剖切线和视图标签等，如图 5-7 所示。本节介绍常用的制图首选项设置。

特别提示

如果要对以前创建的视图进行设置，那么需要右击视图边框，在弹出的快捷菜单中选择"设置"选项（或者双击左侧导航栏中的视图名称），再在弹出的"设置"对话框中进行设置。

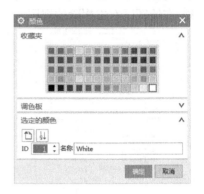

图 5-5 "可视化首选项"对话框 　　　　　　　图 5-6 颜色设置

1. 文字

在"制图首选项"对话框中选择"文字"选项卡，可以设置文字的对齐位置和对准方式，文字类型、文字尺寸、间距、宽高比、行距和旋转角度等参数，如图 5-8 所示。

图 5-7 "制图首选项"对话框 　　　　　　　图 5-8 "文字"选项卡

1）对齐位置。用于设置在视图中输入文本时插入基准点的位置，以确定放置文本时的对齐基准点的位置。文本包含在一个名为文本框的虚拟矩形中。此矩形上有 9 个位置可用于定位并对齐注释对象。包含文本的所有注释对象都使用此矩形在图纸上定位并与其他文本对齐。系统提供了 9 种对齐位置，用户可以从其下拉列表中选择，如图 5-9 所示。

2）文字对正。用于设置在视图中输入多行文字时文本的对齐方式，系统提供了"靠左""中心对齐"和"靠右"3 种文本

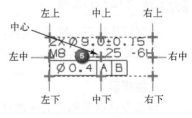

图 5-9 文字位置

方式，用户可以从其下拉列表中选择。

3）文本参数。设置文本对象的颜色、字体和字形。文本字体种类较多，通常选择默认的chinese_fs，字体高度及其他选项选默认值即可。

2. 公差

公差设置位于尺寸节点下，用来指定尺寸公差的显示格式。尺寸可以带有公差值、不带公差值，显示为限制或基本尺寸（见图 5-10），可以指定尺寸公差值的精度（0～6 位）。

图 5-10　公差首选项

"限制和配合"选项组为限制和配合尺寸指定显示的限制和配合公差类型。具体含义如图 5-11所示。

孔公差　　　　　　　　轴公差　　　　　　　　孔轴配合

图 5-11　限制和配合选项

3. 尺寸文本

可以设置尺寸文本的单位、方向和位置以及附加文本、尺寸文本、公差文本等参数，如图 5-12所示。

1）单位。设置主尺寸的测量单位，小数位数 0～6。

2）方向和位置。指定除坐标尺寸之外所有尺寸的尺寸文本的方位。常用的尺寸文本方向和位置有 3 种，如图 5-13 所示。

3）附加文本和尺寸文本。设置附加文本和尺寸文本的颜色、线型和宽度。

4. 图纸视图

（1）视图边界

设置视图的边界显示、颜色、样式等。下面主要介绍视图边界的显示选项。UG NX 创建视图后，默认为不显示视图边界，如果需要显示，选中"显示"复选框即可，如图 5-14 所示。

图 5-12　尺寸首选项

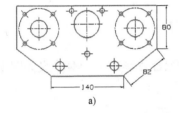 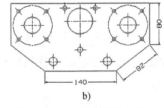 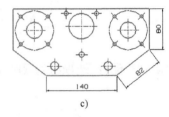

图 5-13　文本方向和位置

a) 水平　b) 文本与尺寸线对齐　c) 尺寸线上方的文本

图 5-14　图纸视图首选项

（2）可见线

设置工程图的各个视图中可见线的显示方式。可以设置可见线的各个参数，包括颜色、线型和线宽等，如图 5-15 所示。

（3）隐藏线

控制视图中隐藏线的外观。如果选择此选项，则可以通过其他隐藏线选项控制隐藏线，如图 5-16 所示。如果不选择此选项，视图中将显示所有隐藏线，如图 5-17 所示。

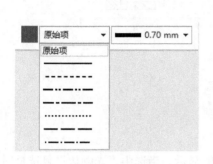

图 5-15　可见线设置

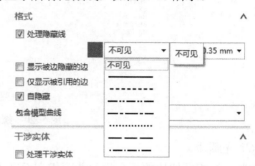

图 5-16　隐藏线设置

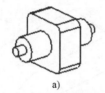

a)

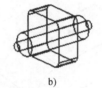

b)

图 5-17　处理隐藏线

a) 隐藏线不可见　b) 隐藏线可见

（4）虚拟交线

设置虚拟交线的显示方式。虚拟交线是指两个圆弧面过渡时虚拟的交线。该选项设置虚拟交线的颜色、线型和线宽等，如图 5-18 所示。取消选中"显示虚拟交线"复选框，视图中将不显示虚拟交线。显示虚拟交线结果如图 5-19 所示。

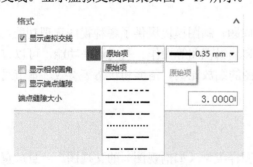

图 5-18　虚拟交线设置

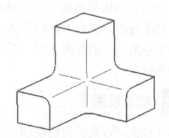

图 5-19　显示虚拟交线

（5）螺纹

设置内部和外部螺纹在制图视图中的显示方式，并根据"建模"应用模块中创建的符号螺纹特征来渲染，如图 5-20 所示。

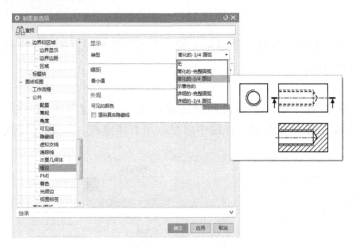

图 5-20　螺纹首选项

（6）光顺边

控制具有相同切边的两个相邻曲面相交而产生的边的显示。当选中"光顺边"复选框时，才能设置各个选项。取消选中时，视图中将不显示光顺边，如图 5-21 所示。

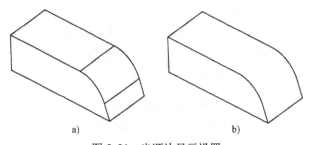

图 5-21　光顺边显示设置

a) 显示光顺边　b) 不显示光顺边

5.3　视图管理

　　生成各种投影视图是创建工程图最核心的问题，制图模块提供了各种视图管理功能，如添加视图、移除视图、移动或复制视图、对齐视图和编辑视图等操作。利用这些功能，可以方便地管理工程图中所包含的各类视图，并可修剪各视图的缩放比例、角度和状态等参数，本节对各项操作分别进行说明。

5.3.1　基本视图

　　基本视图可以是独立的视图，也可是其他图样类型（如剖视图）的父视图。一旦放置了基本视图，将自动转至投影视图模式。可以在一张图纸上创建一个或多个基本视图。

　　单击"应用模块"菜单，在"设计"命令组工具栏中单击"制图"按钮 ⬚，进入制图功能模块，并自动打开"工作表"对话框。或者在制图环境下，单击"新建图纸页"按钮 ⬚，弹出图 5-22所示的对话框。选中"使用模板"单选按钮，图纸选择"A3 无视图"。单击"确定"按钮，即可完成工程图的创建。

单击"视图"命令组工具栏的"基本视图"按钮 ，弹出"基本视图"对话框，如图 5-23 所示。在"要使用的模型视图"中选择"俯视图"，其他选项不变，将鼠标移至图幅范围内，在绘图区左侧区域指定基本视图位置。系统直接弹出"投影视图"对话框，单击"关闭"按钮，退出该对话框。

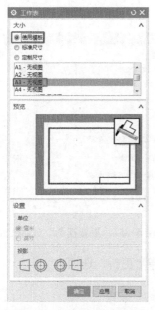

图 5-22　"工作表"对话框

图 5-23　"基本视图"对话框

1）部件。选择部件以添加基本视图。

2）视图原点。用于指定基本视图的放置位置。

3）模型视图。选择添加的视图，包括 6 个基本视图和 2 个轴测图，默认为"俯视图"，该视图为随后添加正交视图的父视图。

4）比例。在向图纸添加视图之前，为基本视图指定一个特定的比例。通过"比例"下拉列表选择相应的数值，可以实现图形的缩小和放大。

5.3.2　投影视图

可以从任何父视图创建投影视图。单击"视图"命令组工具栏中的"投影视图"按钮 ，弹出图 5-24 所示的"投影视图"对话框。

1）父视图。单击 按钮，选择视图区域中的某一基本视图为父视图。

2）铰链线。在"矢量选项"下拉列表中提供了两种方法以定义投影视图的铰链线。

3）视图原点。用于指定投影视图的放置位置，各选项与图 5-23 所示的"基本视图"对话框的相应选项组相似。

4）移动视图。单击 按钮，选择视图区域中的任何视图，拖动后将其放置适当位置即可实现视图的移动。

5.3.3　更新视图

在工程图设计过程中，如果三维模型发生改变，则对应的工程图需要进行更新。

单击"视图"命令组工具栏中的"更新视图"按钮 ，弹出"更新视图"对话框，如图 5-25 所示。选中要更新的视图，单击"确定"按钮即可完成。

图 5-24 "投影视图"对话框　　　　图 5-25 "更新视图"对话框

也可右击要更新的视图边界，在弹出的快捷菜单中选择"更新"选项。

5.4　剖视图的应用

本节将介绍向工程图中添加剖视图、半剖视图、阶梯剖视图、旋转剖视图和局部剖视图的方法。添加剖视图的操作过程可概括为：先指定父视图，再指定剖面位置，最后指定视图的放置位置。

5.4.1　剖视图

在工程实际中，大部分的机械零件只靠投影视图难以表达完整信息，需要借助剖视图来展现零件内部形状。

单击"视图"命令组工具栏中的"剖视图"按钮 ，弹出"剖视图"对话框。创建剖视图的步骤是选择父视图、指定剖切位置、定义铰链线、放置剖视图。下面介绍创建剖视图的具体操作步骤。

1）在"视图"命令组工具栏中单击"剖视图"按钮 ，在图纸中选择要剖切的视图。

2）选择父视图，"定义铰链线"按钮自动激活，可以自定义铰链线方向。指定方向后，在选择的父视图中会出现方向矢量符号，捕捉要剖切的位置为剖切点。

3）定义剖切线之后，"放置剖视图"按钮会自动激活。将鼠标移到绘图工作区，窗口中会显示剖视图边框，该视图只能沿定义的投射方向移动。用户可以拖动视图边框到理想位置，则系统即将简单剖视图定位在工程图中。

5.4.2　阶梯剖视图

在工程实际中，对于比较复杂的机械零件，如上面有多个孔的模具模板，需要借助阶梯剖视图来展现零件的完整信息。

单击"视图"命令组工具栏中的"剖视图"按钮 ，弹出"剖视图"对话框。创建阶梯剖视图的步骤与剖视图类似，但是需要多次增加"剖接线截面线段"的位置，具体方法通过下文示例说明。

5.4.3 半剖视图

半剖视图可以从父视图中创建一个投影的半剖视图。添加半剖视图的步骤包括选择父视图、指定铰链线、指定弯折位置、剖切位置及箭头位置和设置剖视图位置。

单击"视图"命令组工具栏中的"剖视图"按钮 ，弹出"剖视图"对话框，修改"剖切线"方法为"半剖"。

5.4.4 旋转剖视图

对于旋转剖视图，剖切线符号包含两条支线，它们通常围绕圆柱形或圆锥形部件轴上的公共旋转点旋转。每条支线包含一个或多个剖切段，通过圆弧折弯段互相连接。旋转剖视图在公共平面上展开所有单个的剖切段。

单击"视图"命令组工具栏中的"剖视图"按钮 ，弹出"剖视图"对话框，修改"剖切线"方法为"旋转"。创建旋转剖视图的步骤与半剖视图类似，具体方法通过下文示例说明。

应用案例 5-1：创建旋转剖视图

操作步骤

1）打开随书网盘资料 chap5\ex5_6.prt，如图 5-26 所示，单击"应用模块"菜单，在"设计"命令组工具栏中单击"制图"按钮 ，进入制图功能模块，并自动打开"工作表"对话框。

2）创建工程图纸。选中"使用模板"单选按钮，选择"A3 无视图"，单击"确定"按钮。

3）添加基本视图。单击"视图"命令组工具栏中的"基本视图"按钮 ，弹出"基本视图"对话框。"要使用的模型视图"选择"俯视图"，"比例"选择"2:1"，如图 5-27 所示。将鼠标指针移至图幅范围内，单击绘图区左侧区域，指定视图原点，生成视图，并直接弹出"投影视图"对话框，单击"关闭"按钮。

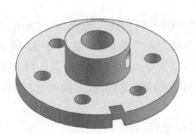

图 5-26　实体模型

图 5-27　"基本视图"对话框

4）在生成的基本视图边界位置右击，在弹出的快捷菜单中选择"设置"选项，如图 5-28 所示，弹出图 5-29 所示的"设置"对话框。取消选中"隐藏线"选项组"处理隐藏线"复选框，结果如图 5-30 所示。视图中显示隐藏的孔。

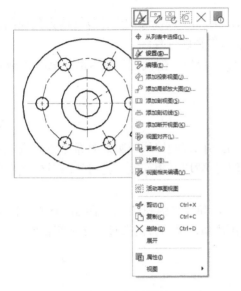

图 5-28　视图设置　　　　　　　　　　　图 5-29　"设置"对话框

5）单击"注释"命令组工具栏中的"2D 中心线"按钮 ⬧，弹出图 5-31 所示"2D 中心线"对话框。选择第 4）步显示的孔的两条轮廓线，生成该孔的中心线。

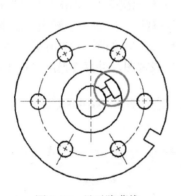

图 5-30　显示隐藏线

图 5-31　"2D 中心线"对话框

6）添加旋转剖视图。单击"视图"命令组工具栏中的"剖视图"按钮 ⬚，弹出图 5-32 所示"剖视图"对话框。修改"剖切线"选项组中的"方法"为"旋转"，如图 5-32 所示。指定生成的基本视图中心点为旋转点位置，显示的孔轮廓线与圆的交点为支线 1 位置，外轮廓缺口直线中点为支线 2 位置，如图 5-33 所示。单击完成旋转剖视图绘制。剖切线方向可通过对话框中"反转剖切方向"按钮修改。

7）选择主页菜单栏"文件"→"保存"命令，保存文件。

图 5-32 旋转"剖视图"对话框

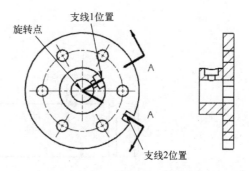

图 5-33 创建旋转剖视图

5.4.5 断开视图

选择"插入"→"视图"→"断开视图"命令，或单击"图纸"工具栏中的 按钮可以创建断开视图。

 应用案例 5-2：创建断开视图

操作步骤

1）打开随书网盘资料 chap5\ex5_7.prt，如图 5-34 所示。单击"应用模块"菜单，在"设计"命令组工具栏中单击"制图"按钮 🗗，进入制图功能模块，并自动打开"工作表"对话框。

图 5-34 实体模型

2）创建工程图纸。选中"使用模板"单选按钮，选择"A3 无视图"单击"确定"按钮。

3）添加基本视图。单击"视图"命令组工具栏中的"基本视图"按钮 🗟，弹出"基本视图"对话框，"要使用的模型视图"选择"俯视图"，"比例"选择"1:1"，将鼠标指针移至图幅范围内，单击绘图区中部区域，指定视图原点，生成视图，并直接弹出"投影视图"对话框，单击"关闭"按钮。

4）添加断开视图。单击"视图"命令组工具栏中的"断开视图"按钮 🕮，弹出图 5-35 所示

"断开视图"对话框。指定基本视图上光轴区域的两个点为锚点位置，如图 5-36 所示。单击左键完成断开视图绘制，如图 5-37 所示。

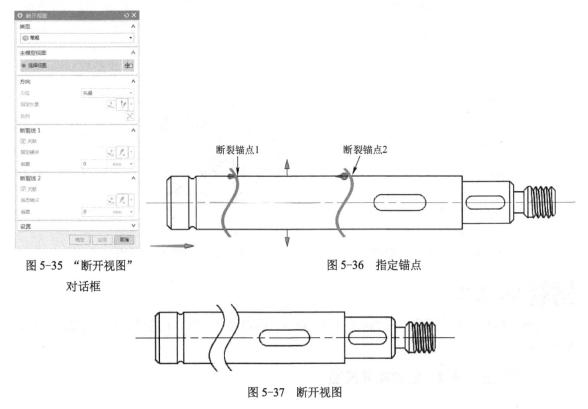

图 5-35　"断开视图"
对话框

图 5-36　指定锚点

图 5-37　断开视图

5）选择主页菜单栏"文件"→"保存"命令，保存文件。

5.5　工程图标注

工程图的标注是反映零件尺寸和公差信息的最重要的方式，本节将介绍在工程图中使用标注功能的方法。利用标注功能，可以向工程图中添加尺寸、几何公差、制图符号和文本注释等内容。

UG NX 工程图标注包含"尺寸"标注和"注释"两个命令组工具栏，如图 5-38 和图 5-39 所示。

图 5-38　"尺寸"命令组工具栏 　　　　图 5-39　"注释"命令组工具栏

5.5.1　尺寸标注

尺寸标注用于标识工程图中图形尺寸的大小。工程图中的标注直接引用三维模型中的尺寸，当对应的三维模型发生改变后，会更新工程图视图，工程图自动与实体模型关联变化。

1. 尺寸标注

对工程图进行尺寸标注时，利用"快速尺寸"命令可满足大部分的需求。单击"尺寸"命令组工具栏的"快速尺寸"按钮 ，弹出"快速尺寸"对话框，如图 5-40 所示。

图 5-40 "快速尺寸"对话框

工程图模块中所提供的尺寸标注的命令、作用和操作要点见表 5-1。

表 5-1 尺寸标注的命令、作用和操作要点

图标及命令	作用和操作要点
自动判断	创建一个智能判断的尺寸，尺寸类型由选择的对象类型和鼠标的位置决定。该命令在大多数条件下适用
水平	用于标注视图上的水平尺寸。选取该选项后，选择待标注的点或线，单击以定义尺寸放置位置，即可完成水平标注
竖直	用于标注视图上的竖直尺寸。选取该选项后，选择待标注的点或线，在适当的位置单击以定义尺寸放置位置，即可完成竖直标注
点到点	用于标注视图上所选平行线间的距离尺寸。选取该选项后，选择待标注的平行线，在适当的位置单击以定义尺寸放置位置，即可完成平行标注
垂直	用于标注视图上两对象间的垂直距离尺寸。选取该选项后，先后选择待标注的线性对象和点对象，在适当的位置单击以定义尺寸放置位置，即可完成垂直标注
圆柱形	用于标注视图上所选圆柱的直径尺寸。选取该选项后，选择待标注的圆柱面，单击以定义尺寸放置位置，即可完成圆柱形标注
斜角	用于标注视图上两直线对象间的角度尺寸。选取该选项后，选择待标注的线性对象，在适当的位置单击以定义尺寸放置位置，即可完成角度标注
斜倒角	用于标注视图上倒角对象的尺寸。选取该选项后，直接选择倒角对象，在适当的位置单击以定义尺寸放置位置，即可完成倒角标注
径向	用于标注视图上所选圆或圆弧的半径尺寸。选取该选项后，选择待标注圆或圆弧，在适当的位置单击以定义尺寸放置位置，即可完成半径标注。该选项在标注圆弧时，其箭头线不会延伸至圆心位置
直径	用于标注视图上所选圆或圆弧的直径尺寸。选取该选项后，选择待标注圆或圆弧，在适当的位置单击以定义尺寸放置位置，即可完成直径标注。该选项在标注圆弧时，会自动沿圆弧的曲率绘制延伸线，并标注此圆弧的直径大小
厚度	用于标注视图上两曲线（包括样条曲线）之间的厚度尺寸。从第一条曲线的选取点作法线，取法线和第二条曲线之间的交点与第一条曲线上的选取点之间的距离为厚度尺寸。选取该选项后，分别选择两曲线，在适当的位置单击以定义尺寸放置位置，即可完成厚度尺寸的标注
弧长	用于标注视图上圆弧的弧长。选取该选项后，选择待标注圆弧，在适当的位置单击以定义尺寸放置位置，即可完成圆弧弧长的标注
坐标	用来在标注工程图中定义一个原点的位置，作为一个距离的参考点，进而可以明确地给出所选对象的水平或竖直坐标。选取该选项后，首先选择一个点为坐标原点，系统会自动生成过原点的两条直线，分别为水平基线和竖直基线。指定待标注对象，在适当的位置单击以定义尺寸放置位置，即可完成对象坐标值的标注

2. 快速尺寸标注

选择任意尺寸标注类型命令，都将打开类似于图 5-41 所示的工具栏，该工具栏的各部分功能如下。

（1）标注方法

尺寸标注方法与图 5-40 中所示的一样，用户可从下拉列表框中选择其中一种，也可用默认的"自动判断"，大部分的尺寸标注都可满足（圆柱式尺寸标注需专门指定）。

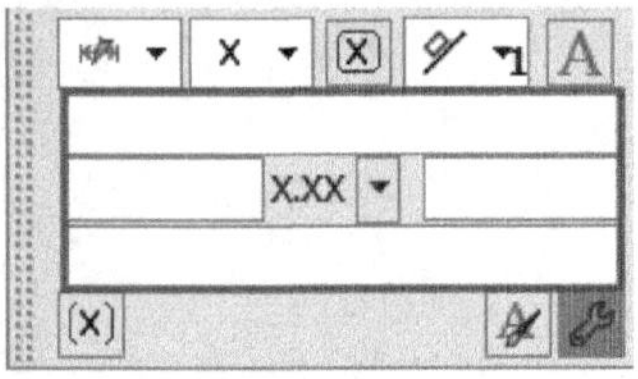

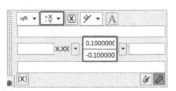

图 5-41 "快速尺寸标注"工具栏

（2）公差类型

公差类型用于设置公差在尺寸标注时的显示方式。在图 5-41 所示的"快速尺寸标注"工具栏中选择公差类型，常用的公差类型如等双向公差，还需要设置公差的精度和公差值，如图 5-42 所示；图 5-43 所示是双向公差，分别输入公差的上限值和下限值，并设置公差精度。

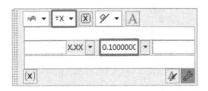

图 5-42 等双向公差

图 5-43 双向公差

（3）文本设置

设置尺寸文本与尺寸线的放置类型。不同的放置方法，可在 5.2.2 节制图首选项中预先设置，也可在实际标注中修改，如图 5-44 所示。

（4）编辑附加文本

编辑修改附加文本，如图 5-45 所示。

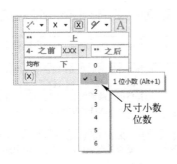

图 5-44 文本设置

图 5-45 "附加文本"对话框

（5）参考尺寸

单击"参考尺寸"按钮⊠，当前尺寸转换为参考尺寸，不再起控制尺寸的作用。

5.5.2 注释编辑器

在制图时，常用到文本文件，以在图样上以创建注释。

单击"尺寸"命令组工具栏中的"注释"按钮 A，弹出"注释"对话框，如图 5-46 所示。可以直接在文本框中输入文本，然后指定位置，将文本放置在图纸中。

1）原点。原点用于指定注释文本放置的位置。单击图 5-46 中"指定位置"右侧的 🔠 按钮，弹出"原点工具"对话框，如图 5-47 所示。"原点工具"对话框可对制图注释使用更精确的放置方法，使用其中的选项可相对于几何体放置注释或尺寸、其他注释或尺寸，或者视图。"原点工具"对话框的一个特定用法是将某个线性尺寸的箭头与平行线性尺寸的箭头对齐。

图 5-46 "注释"对话框

图 5-47 "原点工具"对话框

2）指引线。用于在现有的制图对象（如注释、标签、ID 符号和几何公差⊖符号）上添加指引线，并设定指引线的形式。

3）文本输入。"文本输入"子选项组如图 5-48 所示，用于输入文本和设置文本格式，并控制组成注释的字符（如注释、标签、几何公差、尺寸等）。

4）符号。符号类别如图 5-49 所示，下面介绍制图符号和几何公差符号。

图 5-48 "文本输入"子选项组

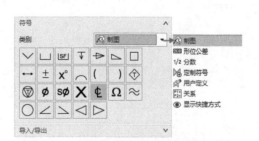

图 5-49 制图符号标注

⊖ 因软件版本问题，在软件为形位公差，在国家标准中为几何公差。

① 制图符号。使用"制图"列表框,可以添加各种制图符号,如图 5-49 所示。用户可在该列表框中单击某制图符号按钮,将其添加到注释编辑区,添加的符号会在预览区显示。如果要改变符号的字体和大小,可通过"格式设置"子选项组进行编辑。添加制图符号后,可选择一种定位制图符号的方法,将其放到视图中的指定位置。

② 几何公差符号。利用"形位公差"列表框,可以向视图中添加几何公差符号、基准符号、标注格式和公差标准,如图 5-50 所示。

5)设置。设置文本注释的参数选项,如文本字体、粗体,是否垂直放置文本等。

图 5-50 几何公差符号标注

5.5.3 表面粗糙度注释

单击"注释"命令组工具栏中的"表面粗糙度"按钮 √ ,弹出"表面粗糙度"对话框,如图 5-51 所示。

该对话框主要由 5 个部分组成,分别介绍如下。

1)原点。用于设定表面粗糙度符号的对齐方式。

2)指引线。用于设定指引线类型和符号,及添加折线。

3)属性。用于选择表面粗糙度的基本类型和参数。根据零件表面的不同要求,在对话框中选择合适的表面粗糙度类型。随着所选表面粗糙度类型的不同,"图例"中所显示的标注参数(a1、a2、b、c、d、e、f1、f2)也不同。各参数的数值可以在下拉列表中选取,也可自行输入,如图 5-52 所示。

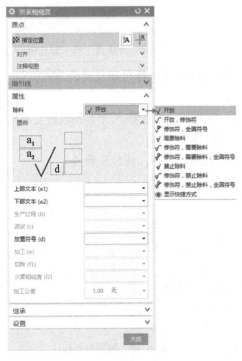

图 5-51 "表面粗糙度"对话框

图 5-52 去除材料参数

198

4）继承。继承所选择的表面粗糙度的各属性。

5）设置。用于指定标注表面粗糙度符号时是否带括号；设定表面粗糙度符号的方向；设置表面粗糙度参数的样式。

5.5.4 中心线

"注释"命令组工具栏中"中心线标注"命令，用于在现有视图中创建直线中心线、环形中心线、圆柱中心线和对称中心线等，其选项介绍如下。

1. 中心标记 ⊕

该选项用于创建通过点或圆弧的中心标记，如图 5-53 所示。操作产生的中心线与选择的圆弧或控制点是关联的。

2. 螺栓圆中心线 ⊙

该选项可以通过点或圆弧创建完整或不完整螺栓圆。螺栓圆的半径始终等于从螺栓圆中心到选取的第一个点的距离。选择同一圆周上 3 个以上控制点（可以包括圆弧中心），即可按指定参数插入环形中心线，如图 5-54 所示。操作产生的中心线与选择的圆弧或控制点是关联的。

3. 2D 中心线 ⬚

该选项使用曲线或控制点来限制中心线的长度，从而创建 2D 中心线，如图 5-55 所示。如果使用控制点来定义中心线（从圆弧中心到圆弧中心），则产生线性中心线。

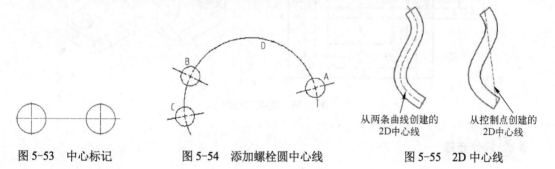

图 5-53　中心标记　　　图 5-54　添加螺栓圆中心线　　　图 5-55　2D 中心线

5.6 综合实例——底座

 设计要求

创建图 5-56 所示的底座工程图。

设计思路

1）创建工程图图纸。

2）添加俯视图、半剖视图、全剖视图、半剖正等轴测图和局部剖视图。

3）添加中心线。

4）添加尺寸标注。

5）添加表面粗糙度标注。

6）添加形位公差标注。

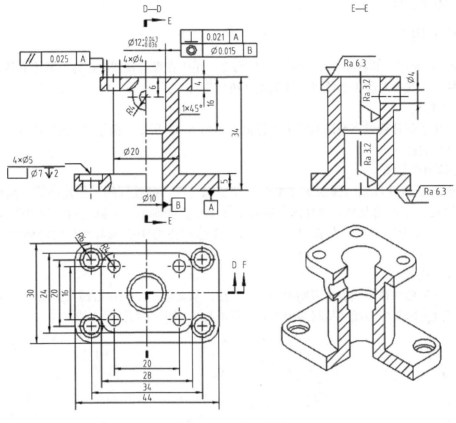

图 5-56　底座工程图

 操作步骤

（1）创建工程图图纸

1）启动 UG NX，打开随书网盘资料\chap5\底座.prt，单击"应用模块"工具栏中的"制图"按钮🖋️，进入工程图环境。

2）创建工程图纸。单击"新建图纸页"按钮🗔，进入"工作表"对话框，如图 5-57 所示。选中"标准尺寸"单选按钮，选择"大小"为"A3-297×420"，选择"毫米"选项和🔲◎投影角度选项。单击"确定"按钮，自动弹出"基本视图"对话框。

（2）添加俯视图、半剖视图、全剖视图、半剖正等轴测图和局部剖视图

1）添加俯视图。"基本视图"对话框如图 5-58 所示，"要使用的模型视图"选择"俯视图"，将鼠标指针移至图幅范围内，将视图放置在图幅的左下部，直接弹出"投影视图"对话框，按〈Esc〉键退出。添加的底座俯视图，如图 5-59 所示。

2）添加半剖视图。单击"视图"命令组工具栏中的"剖视图"按钮🖼，弹出"剖视图"对话框，如图 5-60 所示。修改"部切线"下的"方法"为"半剖"；指定生成的基本视图中右下两个象限点为"截面线段"位置，将鼠标指针向上垂直移动，指定半剖视图放置位置，如图 5-61

所示，单击完成半剖视图绘制。

图 5-57 "工作表"对话框

图 5-58 "基本视图"对话框 1

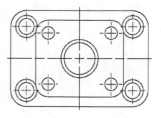

图 5-59 底座俯视图

图 5-60 "剖视图"对话框 1

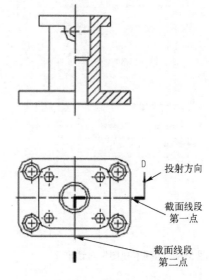

图 5-61 底座半剖视图

3）添加全剖视图。单击"视图"命令组工具栏中的"剖视图"按钮，弹出"剖视图"对话框，如图 5-62 所示。修改"部切线"下的"方法"为"简单剖/阶梯剖"；指定生成的半剖视图圆心点为"截面线段"位置，将鼠标指针向右水平移动，指定全剖视图放置位置，如图 5-63 所示，单击完成全剖视图绘制。

4）添加正等轴测图。"基本视图"对话框如图 5-64 所示，"要使用的模型视图"选择"正等轴测图"，将鼠标指针移至图幅范围内，将视图放置在图幅的右下部，直接弹出"投影视图"对话框，按〈Esc〉键退出。添加的正等轴测图，如图 5-65 所示。

图 5-62 "剖视图"对话框 2

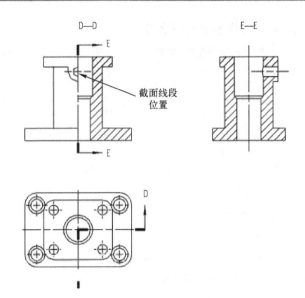

图 5-63 底座全剖视图

图 5-64 "基本视图"对话框 2

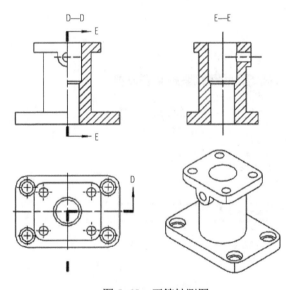

图 5-65 正等轴测图

5）半剖正等轴测图。单击"视图"命令组工具栏中的"剖视图"按钮 ，弹出"剖视图"对话框，如图 5-66 所示。修改"部切线"下的"方法"为"半剖"；在生成的俯视图中先单击"截面线段"第一点，并在"视图原点"下的"方向"选择"剖切现有的"，然后单击"截面线段"第二点，最后单击图纸中第 4）步生成的正等轴测图，单击"关闭"按钮。生成的半剖正等轴测图，如图 5-67 所示。

6）添加两处局部剖视图。

① 添加艺术样条。将鼠标指针放在底座半剖视图附近并右击，弹出快捷菜单，如图 5-68 所示。选择"扩大"命令，绘图窗口就只显示底座半剖视图。单击"艺术样条"按钮 ，弹出"艺术样条"对话框，如图 5-69 所示。"次数"选择"5"，选中"封闭"复选框，在要添加局部剖视图的位

置取点，添加完艺术样条后如图 5-70 所示。最后右击，弹出快捷菜单，取消"扩大"命令的选择，退出"扩大"命令。

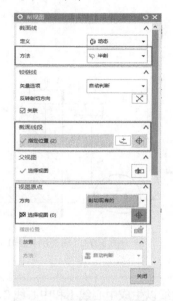

图 5-66　"剖视图"对话框 3

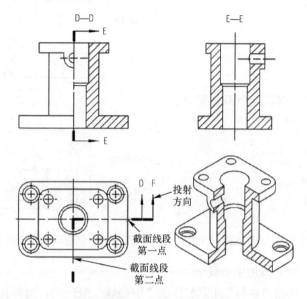

图 5-67　半剖正等轴测图

图 5-69　"艺术样条"对话框

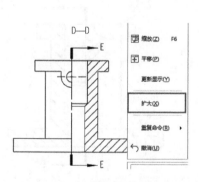

图 5-68　选择"扩大"命令

图 5-70　添加艺术样条后

② 添加局部剖视图。单击"视图"命令组工具栏中的"局部剖视图"按钮，弹出"局部剖"对话框，如图 5-71 所示。

添加局部剖的步骤：选择视图：单击图纸中的半剖视图；选择基点：单击剖切基点（见图 5-72）；确认投射方向，如图 5-72 所示，单击鼠标中键退出；选择曲线：单击剖切曲线，如图 5-72 所示。单击"应用"按钮，添加的局部剖视图 1 如图 5-73 所示。同样的方法，添加局部剖视图 2 的步骤如图 5-74 所示，添加完两处局部剖视图后如图 5-75 所示。

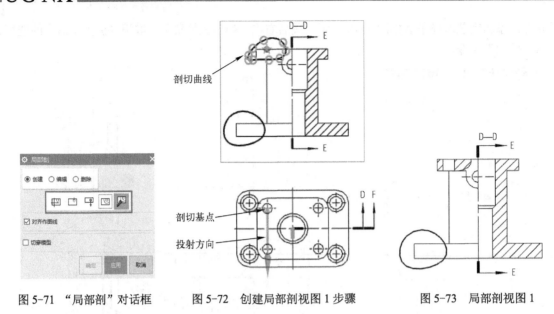

图 5-71　"局部剖"对话框　　　图 5-72　创建局部剖视图 1 步骤　　　图 5-73　局部剖视图 1

（3）添加中心线

单击"注释"工具栏中的"中心线"按钮，选择孔壁投射线以生成中心线 1 和中心线 2，如图 5-76 所示。

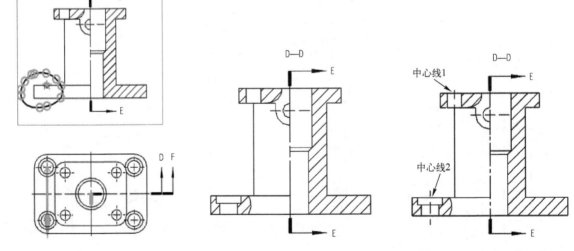

图 5-74　创建局部剖视图 2 步骤　　　图 5-75　添加局部剖视图 1 和 2 后　　　图 5-76　添加中心线 1 和 2

（4）添加尺寸标注

1）俯视图。单击"尺寸"工具栏中的"线性尺寸"按钮，选择俯视图中的各个长和宽，标注长和宽尺寸；单击"尺寸"工具栏中的"径向尺寸"按钮，选择俯视图中的圆弧，标注其半径尺寸 R4 和 R5，如图 5-77 所示。

2）半剖及局部剖视图。

① 高度尺寸及径向尺寸标注。单击"尺寸"工具栏中的"倒斜角"按钮，选择视图的倒

斜角轮廓线，标注"1×45°"。如图 5-78 所示。

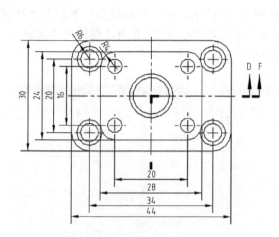

图 5-77　俯视图添加尺寸标注

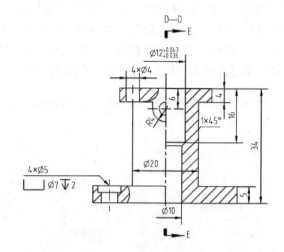

图 5-78　半剖及局部剖视图添加尺寸标注

② Ø20 和 4×Ø4 通孔的标注。单击"尺寸"工具栏中的"线性尺寸"按钮 ⌐⌐，选择测量方法为"圆柱式"，如图 5-79 所示。选择圆柱的水平轮廓线，标注Ø20 及Ø4 的孔，选中Ø4 的尺寸并右击，在弹出的快捷菜单中选择"编辑"选项，弹出图 5-80 所示的对话框，在尺寸前缀文本框输入"4×"，完成 4 个Ø4 通孔的标注。

③ 4×Ø5 沉头孔的标注。单击"注释"工具栏中的"注释"按钮 A，弹出图 5-81 和图 5-82 所示的对话框，在文本输入框内输入沉头孔的尺寸，并在"设置"选项组中选择图 5-82 所示的"文本对齐"方式，最后在"注释"对话框中单击"选择终止对象"，选择沉头孔的中心线，完成 4 个Ø5 沉头孔的标注。

图 5-79　"线性尺寸"对话框

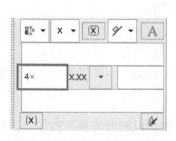

图 5-80　"尺寸编辑"对话框

图 5-81　"注释"对话框 1

④ 单侧尺寸∅10 的标注。单击"尺寸"工具栏中的"线性尺寸"按钮 ，选择测量方法为"圆柱式"，选择应标∅10 尺寸的圆柱中心线和圆柱轮廓线，然后右击，在弹出的快捷菜单中选择"设置"选项，弹出"设置"对话框，如图 5-83 和图 5-84 所示。在"直线箭头"下选择"单侧尺寸"，选中"显示为单侧尺寸"复选框，在"文本"下选择"格式"，选中"替代尺寸文本"，在文本框内输入"10"，完成∅10 的圆柱单侧尺寸标注。

图 5-82 "注释"对话框 2

图 5-83 "设置"对话框 1

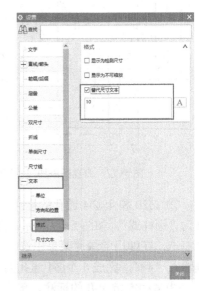

图 5-84 "设置"对话框 2

⑤ 单侧尺寸∅12 及公差的标注。单侧尺寸∅12 标注方法同上。尺寸标注完后，选择该尺寸并右击，在弹出的快捷菜单中选择"编辑"选项，弹出图 5-85 所示对话框，选择双向公差，输入"+0.043"和"+0.036"的公差，完成∅12 尺寸及公差的标注。

半剖及局部剖视图完成标注后如图 5-78 所示。

3）全剖视图。过程略，尺寸标注完成后如图 5-86 所示。

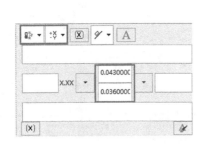

图 5-85 "尺寸编辑"对话框

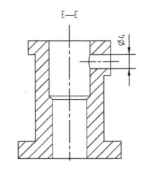

图 5-86 全剖视图尺寸标注

（5）添加表面粗糙度标注

单击"注释"工具栏中的"表面粗糙度符号"按钮 √，弹出图 5-87 和图 5-88 所示的对话框。选择" √ 修饰符，需要除料"，在相应的文本框中分别输入 Ra 和 6.3，"角度"为 0，无须反转，最后"指引线"分别选择底座的上平面和下平面，完成上下平面的表面粗糙度标注。同样方法，标注底座中心阶梯孔的表面粗糙度标注：输入"Ra3.2"，"角度"为"90"，无须反转。表面粗照度标注完成后如图 5-89 所示。

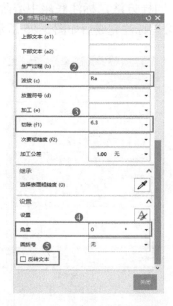

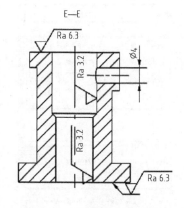

图 5-87 "表面粗糙度"对话框 1　　　图 5-88 "表面粗糙度"对话框 2　　　图 5-89 表面粗糙度的标注

（6）添加几何公差标注

1）添加基准特征符号。单击"注释"工具栏中的"基准特征符号"按钮，弹出图 5-90 所示的对话框。选择基准类型，输入基准特征标识符"A"，然后"指引线"选择底座的下平面，完成下平面基准 A 的添加。同样方法，输入基准特征标识符"B"，选择底座中心阶梯孔⌀10 的标注位置，完成基准 B 的添加。基准特征完成后如图 5-91 所示。

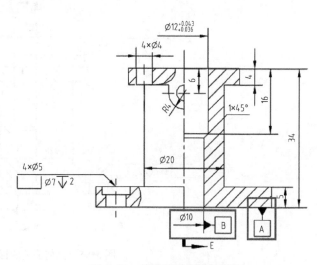

图 5-90 "基准特征符号"对话框　　　　　图 5-91 基准特征符号的标注

2）标注几何公差。单击"注释"工具栏中的"特征控制框"按钮，弹出图 5-92 所示的对话框。"类型"选择"普通"，样式如图所示。"框"的"特性"和"框样式"分别选择"平行度""单框"，"公差"输入"0.025"，选择第一基准"A"，最后"指引线"选择底座的上平面，完成上平面的几何公差的标注。同样方法，标注底座中心阶梯孔的同轴度和垂直度的标注，如图 5-93 和图 5-94 所示。几何公差标注完成后如图 5-95 所示。

图 5-92 "特征控制框"对话框 1

图 5-93 "特征控制框"对话框 2

图 5-94 "特征控制框"对话框 3

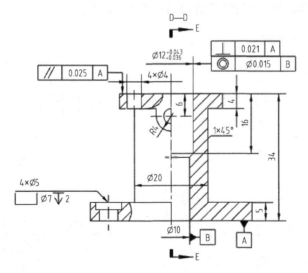

图 5-95 几何公差的标注

5.7 本章小结

本章介绍了 UG NX 工程图的建立和编辑方法，包括工程图管理、添加视图、编辑视图、标注尺寸、几何公差和表面粗糙度等内容，并以 3 个实例讲述工程图的应用方法。

5.8 思考与练习

1）叙述使用 UG NX 进行工程制图的一般过程。

2）全剖、半剖、旋转剖和阶梯剖等视图的适用情况有何不同？添加各种剖视图的操作有何异同？

3）如何将制图与建模配合起来，以提高工程设计效率？

4）为图 5-96 所示泵体创建工程图（参照\chap5\exercise\op5_1.prt）。

操作提示
- 创建工程图图纸。
- 添加基本视图、轴侧图、剖视图和局部放大视图。
- 添加尺寸标注和表面粗糙度标注。

图 5-96　泵体

5）为图 5-97 所示矩形零件创建工程图（参照\chap5\exercise\op5_2.prt）。

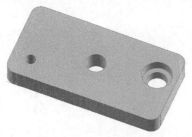

操作提示
- 创建工程图图纸。
- 添加基本视图和阶梯剖视图。
- 添加尺寸标注和表面粗糙度标注。

图 5-97　矩形零件实体

6）为图 5-98 所示法兰盘创建工程图（参照\chap5\exercise\op 5_3.prt）。

操作提示
- 创建工程图图纸。
- 添加基本视图和半剖视图。
- 添加尺寸标注和表面粗糙度标注。

图 5-98　法兰盘体

7）为图 5-99 所示齿轮轴创建工程图（参照\chap5\exercise\op 5_4.prt）。

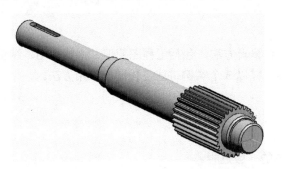

操作提示
- 创建工程图图纸。
- 添加基本视图和各断面图。
- 添加尺寸标注和表面粗糙
  度标注。

图 5-99　齿轮轴

第6章 通用标准件设计

通用标准件包含单一结构标准件和组合标准件。单一结构标准件是指在装配中单独使用，没有其他子组件。这类标准件种类较多，如密封圈、内六角螺钉、堵头等，其结构形状相对简单。本章详细介绍单一结构标准件的开发过程，在此基础上讲解带装配结构的简单组合标准件的开发方法。

学习目标

- ❑ UG NX 标准件定制流程与规范
- ❑ 密封圈标准件的开发
- ❑ 内六角圆柱头螺钉标准件的开发
- ❑ 浇口套组件标准件的开发

6.1 UG NX 标准件概述

随着数字化设计技术的迅猛发展，基于三维数据的设计技术在汽车、船舶、模具等行业中普及越来越广泛。其中。模具行业中标准件比例非常高，特别是注射模具，标准化比例已经占到整个模具的90%以上，有的国家甚至更高。

目前，大部分的 CAD/CAE/CAM 一体化软件都已经建立了标准件参数化图库、行业标准件图库和通用件图库。UG NX 提供的这类定制工具主要有部件族（Part Family）、重用库（Reuse Library），模具向导标准件管理中的标准件注册向导、用户定义特征（UDF）、知识融合 ICE、加工模板、加工知识编辑器等。这些工具可以充分利用行业专家经验知识，建立属于企业的标准件库和知识库，极大地降低了企业生产成本、提高了企业的产品质量，缩短交货周期，增强了企业市场竞争力。

UG NX 提供了丰富的客户化定制工具。这类工具不需要开发人员具备程序语言编程能力，只是利用 UG NX 的建模功能，再用 Office 的电子表格软件 Excel 文档就可以进行一系列标准件的定制开发。这种方法对于大部分的 UG NX 的应用工程师，都能很容易地掌握并快速地用于实际工作，可以快速推广基于 UG NX 标准件库（模架、导向件、推出元件、标准组件、侧向分型机构、浇口套、分流锥等），也可以定制开发企业标准的标准件。

6.2 UG NX 标准件定制

UG NX 软件包含 3 个模具模块，分别是 Mold Wizard（注射模设计向导）、Die Design（冲模设计模块）、PDW（Progressive Die Wizard 级进模设计向导），每个模具模块都有各自的标准件库，但其开发流程是相似的。本章内容以 Mold Wizard 为例，讲述标准件定制过程。

1）注册企业的 UG NX 标准件开发项目。

2）注册电子表格文件。

3）建立参数化模板文件。

4）建立标准件的电子表格数据库。

5）制作标准件 Bitmap 位图文件。

6）验证并调试标准件。

6.2.1 标准件系统工作流程

标准件系统工作流程如图 6-1 所示。

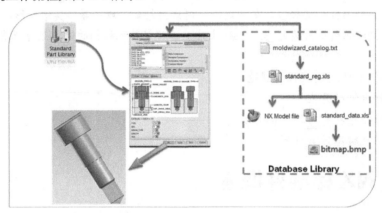

图 6-1 标准件系统工作流程

模具模架系统开发与标准件相似，流程如图 6-2 所示。

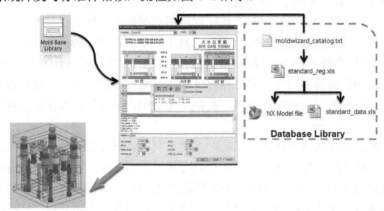

图 6-2 模具模架系统开发流程

6.2.2 标准件数据库文件规范

（1）文件夹结构规范

1）标准件所在的文件夹根目录由环境变量 MOLDWIZARD_DIR 指定。

2）文件夹采用层级结构。

3）按照文件类型分成不同的文件夹。

4）按照模型用途分成不同的文件夹。

5）尽量减少层级。

（2）文件命名规范

1）名称不能有空格，尽量用小写英文字母。

2）多个单词用"_"连接。

3）文件名尽量短，且用有意义的英文单词或缩写。

4）表达式名全大写或全小写，遵循以上命名规则。

5）属性名全大写。

6）同名文件，用不同的后缀区分，如 shcs_in.prt, shcs_mm.prt。

（3）数据库电子表格文件名规则

标准件数据库电子表格有两种格式：Excel（.xls）和 Xess（.xs4），Windows 操作系统对两种格式都支持。定义时用 Excel 编辑，定稿后用工具转成 Xess 格式。注册表和数据表中，所有单元格的格式均设定成 Text 格式，而且所有表格都需添加表头，注明修改历史及必要的说明。

（4）同类别标准件建立一个共用数据库文件

在建立标准件数据库数据的时候，不一定要为每个标准件都建立标准件数据库电子表格文件，可以将同一类别下的不同标准件的数据建立在同一数据库电子表格文件的不同工作表内。例如，可以把内六角圆柱头螺钉（SHCS）和定位销（dowel）的数据都建立在一个名为 screw.xls 数据库电子表格文件中，用它的 shcs 工作表来管理内六角圆柱头螺钉（SHCS）的数据；用它的 fhcs 工作表来管理平头螺钉（FHCS）的数据。但是，在标准件的注册电子表格文件里，注册标准件的数据库电子表格文件的同时，也要制定相对应的工作表名称，格式如图 6-3 所示。

	NAME	DATA_PATH	DATA	MOD_PATH	MODEL
1	##Version: CASE 10 April 2016 Created by cz				
2					
3	NAME	DATA_PATH	DATA	MOD_PATH	MODEL
4	-----screw -----	/standard/metric/case/screw/data	screw.xls::shcs	/standard/metric/case/screw/model	shcs.prt
5	shcs	/standard/metric/case/screw/data	screw.xls::shcs	/standard/metric/case/screw/model	shcs.prt
6	fhcs	/standard/metric/case/screw/data	screw.xls::shcs	/standard/metric/case/screw/model	fhcs.prt
7					

图 6-3　注册标准件数据库文件的工作表

（5）电子表格文件的数据格式

1）##（描述）项。标准件数据库电子表格文件的顶行（第 1 行）不能留空（无任何内容），若留空，则 UG NX 不能读取该文件的数据。一般在第 1 行至第 2 行添加描述性的文字，用于表述该标准件数据电子表格文件库的基本信息，如标准件项目目录名称、标准件的名称、版本、建立日期及创建人等，这些描述性文字都是针对 UG NX 标准件数据库的。但是这些描述性文字的前面必须添加"##"符号，UG NX 在读取标准件数据库时会自动跳过这些描述性内容，否则就不能成功地读取数据。该描述栏的内容可以是中文的也可以是英文的。

2）COMMENT（注释）项。添加在该注释栏的内容其实也是描述性文字，但是它是针对"标准件管理器"对话框的，注释内容将出现在"标准件管理器"对话框的图形显示区左下方，为用户提供诸如该标准件的使用方法等提示信息。这项内容并非是必需的，若需要，则在最左方的单元格添加 COMMENT，注释内容则添加在 COMMENT 的右侧单元格内。

3）PARENT（父）项。通过"标准件管理器"对话框的"Parent"下拉列表，用户可以选择所调用的标准件作为哪个部件的子组件，也可以将所调用的标准件装配到用户指定的父部件节点下。而标准件数据库电子表格文件中的"PARENT"项，可根据标准件的不同用途，设置不同的装配默认父部件。在调用标准件的时候，用户可以通过"标准件管理器"对话框的"Parent"下拉列表，改变默认的装配父部件到所指定的装配父部件。

① "PARENT" 项的格式规则是：在最左方的单元格添加 PARENT，在 PARENT 的右侧单元格内添加默认装配父部件文件名。例如，默认装配父部件名是<UM_OTHER>，其中 UM 的意思是 UG NX MOLD；OTHER 是指其他的父部件，中间使用下划线连接起来。假如用户要将默认的装配父部件设置为模架，则应该设置为 PARENT <UM_MOLDBASE>。

② 默认装配父部件的识别。UG NX 模具设计模块中，多使用 UG NX 模板部件的属性来识别部件。如上所述，要将模架设置为默认的装配父部件，并让 UG NX 识别出模架作为默认父部件，需依赖于模架的 UG NX 模板部件的识别属性设定。因此必须在模架的 UG NX 模板部件内，为它设置部件识别属性 UM_MOLDBASE=1。

当在调用某标准件时，如果要装配放置的父部件不存在于"标准件管理器"对话框的"Parent"下拉列表中，需要先将装配父部件设置为工作部件，再启用"标准件管理器"对话框来调用标准件，这时所设置的工作部件才能成为默认的装配父部件。

4）POSITION（定位方法）项。通过"标准件管理器"对话框的"Position"下拉列表，用户可以选择所调用的标准件的装配定位方法。而标准件数据库电子文件的 POSITION（定位方法）项，可根据标准件的不同的用途，设置不同的默认装配定位方法。标准件的 9 种装配定位方法，见表 6-1。

表 6-1 标准件定位方法说明表

定位方法	说明	应用实例
Null	默认将标准件的绝对坐标系，定位于装配父部件的绝对坐标系	定位圈等
WCS	将标准件的绝对坐标系，定位于显示部件的工作坐标系	不定
WCS_XY	将标准件的绝对坐标系，定位于显示部件工作坐标系的 XC-YC 平面，且 Z 坐标值为 0	斜顶、滑块标准组件
Point	将标准件的绝对坐标系定位在显示部件的 XC-YC 平面上的任意选择点	顶针、顶管等
Point Pattern	将标准件自动定位到点组父部件下，实现一次添加多个同一标准件，且自动装配到点上	导柱、导套等
Plane	该方法要先在装配配对组件上选择配对平面，标准件的绝对坐标系的 XC-YC 平面和该平面贴合，ZC 方向向朝外。然后，选择该平面上的某一点作为定位原点	螺钉、定位销钉等
Absolute	该方法和 UG NX 装配的绝对方式完全相同	不定
Reposition	该方法和 UG NX 装配的复定位放置方式完全相同	不定
Mate	该方法和 UG NX 装配的配对约束放置方式基本相似	不定

POSITION 项的格式规则是：在最左方的单元格添加 POSITION，在 POSITION 的右侧单元格内添加默认的定位方法。

5）ATTRIBUTES（属性）项。该项用于指定 UG NX 标准件部件的属性。当调用标准件时，UG NX 系统将这些属性值克隆到所生成的 UG NX 标准件部件中。这些属性可以是标准件识别属性、标准件的部件识别属性、标准件的 BOM（Bill of Material，物料清单）属性及其他的特殊应用的属性等。

① ATTRIBUTES 的一般设置格式是：Attribute Name（属性名）=Attribute Value（属性值）。每个属性的参数的设定必须在 ATTRIBUTES 项下最左方的第一个单元格内。

② 子组件的属性设置格式是：子组件部件识别属性名：：Attribute Name（属性名）=Attribute Value（属性值）。

关于 ATTRIBUTES 的各种不同使用情况下的设置方法和格式，本书将在后续的开发实例中逐步介绍。

6）INTER_PART 项。当标准件是装配结构且其中子组件也是标准件时，这些子标准件的数据可能是由其自己独立的标准件数据库数据控制。INTER_PART 项可以用来指定这些子标准件的数据库数据位置，及其需要读取的子标准件数据库中定义的可变参数的取值，以便更新相应规格的子标准件。

多数情况下，一个装配结构的标准件包含有多个内六角圆柱头螺钉子标准件。不同尺寸规格的装配结构的标准件，需要不同直径大小和长度的内六角圆柱头螺钉子标准件。如果将内六角圆柱头螺钉子标准件的主控参数，建立到装配结构的标准件数据电子表格文件中，相应的在 UG NX 模板部件中，也要将内六角圆柱头螺钉的主控参数链接到装配结构标准件的 UG NX 主模板部件中，这会造成参数过多，步骤烦琐。因此在 INTER_PART 项下最左方的单元格内，添加子标准件的识别部件属性名称，右侧单元格内，指定子标准件的数据库数据的位置。在稍后的单元格内，建立标准件的可变主控参数与装配标准件数据库电子表格文件的驱动型主控参数的一一对应驱动关系。相应地在主装配标准件数据库电子表格文件的 PARAMETERS 项中，要添加驱动子标准件的可变主控参数的驱动型主控参数。

7）EXPRESSIONS（表达式）项。其实质是通过标准件数据库电子表格文件的 EXPRESSIONS 项，将标准件的 UG NX 模板部件的表达式链接到目标部件，建立部件间的表达式关系。该项大多用于设置标准件自动装配或定位到目标位置。

8）BITMAP（位图）项。标准件数据库文件的 BITMAP（位图）项，用来指定显示在"标准件管理器"对话框图形显示区中的位图文件的路径及文件名。

BITMAP（位图）的格式规则：在最左方的第一个单元格内添加 BITMAP，在 BITMAP 后面的一个单元格内指定位图文件的路径和文件名。如果标准件库是建立在 Mold Wizard、Progressive Die Wizard 或 Die Design 模块的目录下，指定路径时不需要使用全路径，否则当 UG NX 安装到计算机的不同硬盘下时，需要重新修改指定这些文件的路径。

9）PARAMETERS（参数）项。用于组织管理 UG NX 标准件管理器系统，能读取标准件 UG NX 模板部件的主控参数名称和标准化的主控参数的取值。根据不同的取值格式，UG NX 标准件管理器系统会自动地在"标准件管理器"对话框的"Catalog"（目录）选项组，生成相应的可变主参数的对话框控件，如尺寸规格下拉列表、滑块拖动式尺寸调节控制件等，以供用户调用标准件时，选择标准件可变主控参数的取值。而且该项下的主控参数名称和主控参数的取值都会显示在"标准件管理器"对话框的"Dimension"（尺寸）选项组的尺寸控制列表框中，让用户可以自定义主控参数的取值，建立用户所需要的非标准规格的零件。当调用标准件时，UG NX 标准件管理器系统首先克隆标准件的 UG NX 模板部件，并生成指定文件名的新零件，然后"标准件管理器"对话框"Dimension"（尺寸）选项组的尺寸控制列表框设置的主控参数的取值，会自动覆盖新生成的零件原始主控参数取值（新零件原始参数主控参数和 UG NX 标准件模板文件的主控参数是完全相同的），从而实现更新新生成的零件的尺寸和几何形状。

PARAMETERS（参数）项下最顶端行的主控参数名称必须与标准件的 UG NX 模板部件中的名称完全一致。但是"TYPE"或"CATALOG"等用于定义标准件形状分类或企业（供应商）标准件规格的目录，可以不受此规则限制，并且 UG NX 标准件模板文件也没有此主控参数表达式。PARAMETERS（参数）项下最多允许用户定义 78 列主控参数。

PARAMETERS（参数）项的主控参数及取值格式设定方法：主控参数及取值格式规定中最主要的是要遵循优先排序的原则。由于 UG NX 标准件管理器读取标准件数据库电子表格文件的参数是按照从左到右的顺序，因此主要的大类要排在靠左侧，而子类则排在靠右侧。在 PARAMETERS（参数）项中，不同的标准件有不同的排列与设定方法，在下文的实例中将逐步讲解。

6.3　密封圈标准件设计

密封圈一般都安装在模板上有冷却管路经过的位置，因此不能使用自动定位方法。一般在调用密封圈标准件时用选择安放面的方式比较简便，也就是采用 Plain 的定位方法。相应地，需要将密封圈标准件的几何原点定位在绝对坐标原点（0,0,0）位置，方位定位在-ZC 方向，如图 6-4 所示。

在规划好密封圈的定位原点之后，绘制结构图，用于规划密封圈标准件的结构特征和主控参数，如图 6-4 和图 6-5 所示。

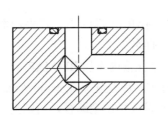

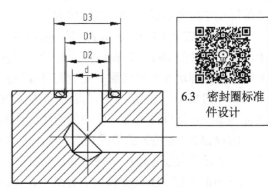

| 图 6-4　密封圈的定位原点 | 图 6-5　密封圈的结构及主控参数 |

6.3.1 密封圈主控参数设计

1）在…\standard\metric\Case\目录下新建一个名为 cool 的文件夹，在 cool 文件夹下继续建立新文件夹 Model，用来保存 UG NX 模板文件。

2）在步骤 1）建立的 Model 文件夹中新建一个文本文档（.txt），将该文件重命名为 o_ring .exp 后，打开 o_ring .exp 文件，建立图 6-6 所示的密封圈标准件 UG NX 模板部件的主控参数，其中 [mm]表示"量纲"为"长度"，单位为 mm。保存并退出该文件。

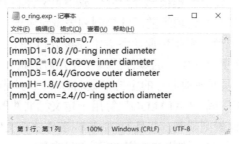

图 6-6　密封圈的主控参数

6.3.2 密封圈建模

密封圈的建模步骤如下。

1）运行 UG NX，将建立的公制的、文件名为 o_ring.prt 的密封圈标准件 UG NX 模板部件存储到...\standard\metric\Case\cool\part 目录下，并进入建模环境，如图 6-7 所示。

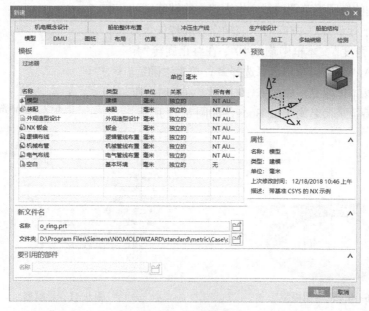

图 6-7　新建模型

2）选择"工具"→"表达式"命令，弹出"表达式"对话框。单击"从文件导入表达式"按钮，将步骤 1）所建立的 o_ring.exp 文件中表达式导入到 UG NX 文件中，被输入的表达式出现在表达式编辑器的列表窗口中，如图 6-8 所示。

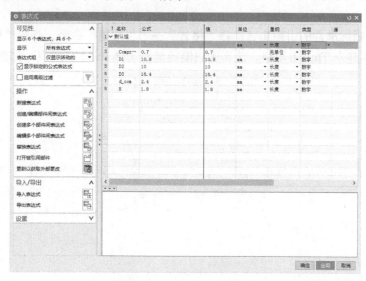

图 6-8　导入表达式

3）单击"草图绘制"按钮 ，进入草图设置状态。选择 ZC-YC 平面作为草图的放置面，以+XC 方向为草图的水平参考方向。在绘图区域绘制图 6-9 所示的草图，并添加适当的约束条件（尺寸约束和几何约束），单击"草图绘制"对话框左上角的 按钮退出草图环境。

4）单击"旋转"按钮 ，建立密封圈标准件的本体。选择步骤 3）绘制的椭圆形草图曲线，作为建立旋转特征的截面曲线；选择平行于+ZC 方向的基准轴作为旋转矢量方向；在起始旋转"角度"文本框中输入"0"；在终止旋转"角度"文本框中输入"360"，布尔运算选择 ，单击"确定"按钮，完成密封圈本体建立，如图 6-10 所示。在部件导航器中，将该旋转特征重命名为 True Body，如图 6-11 所示。

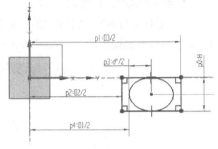

图 6-9　绘制密封圈的草图

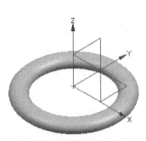

图 6-10　密封圈模型

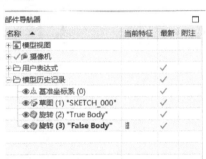

图 6-11　导航器

5）单击"旋转"按钮 ，建立密封圈标准件的建腔实体。选择步骤 3）绘制的矩形草图曲线，作为建立旋转特征的截面曲线；选择平行于+ZC 方向的基准轴作为旋转轴和旋转矢量方向；在起始旋转"角度"文本框中输入"0"；在终止旋转"角度"文本框中输入"360"，布尔运算选择 ，单击"确定"按钮，完成密封圈的建腔实体。在部件导航器中，将该旋转（Revolve）特征重命名为 False Body。

6）建立密封圈标准件的引用集。选择"格式"→"引用集"命令，弹出"引用集"对话框，选择密封圈的本体建立 True 引用集、选择密封圈的建腔实体 False 引用集，如图 6-12 所示。

图 6-12　"引用集"对话框

7）选择"编辑"→"对象显示"命令，进行颜色设置，选择密封圈的建腔实体，将颜色设置为 ID211 蓝色、"线型"设置为虚线、透明度设置为"80"；选择密封圈的本体，选中"局部着色"。将密封圈的本体放在第 1 层，将草图、基准面移至第 21 层，基准轴及其他所有的辅助建模几何体，均移至第 60 层，将建腔实体放置到 99 层，保持图面整洁、清晰。在"视图"工具栏中单击"部分着色"按钮。完成后的效果如图 6-13 所示。

8）设置密封圈的 UG NX 属性。设置部件的属性：选择"文件"→"属性"命令，弹出"显示部件属性"对话框，单击"属性"选项卡，设置部件识别属性 O_RING=1，如图 6-14 所示。

9）建立密封圈标准件的位图文件。在...\standard\metric\Case\cool\bitmap 文件下建立图 6-15 所示的位图文件 o_ring.bmp；根据需要在位图文件里可以添加参数设置说明等信息。

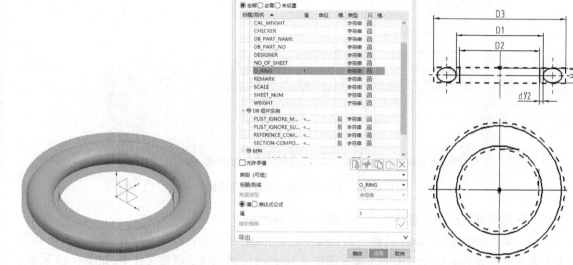

图 6-13　完成后的密封圈及建腔实体　　　　图 6-14　属性设置　　　　图 6-15　密封圈位图

6.3.3　建立密封圈标准件的数据库

（1）建立数据库

在...\MOLDWIZARD\templates\目录下的文件中找到名为 standard_template.xls 的文件，将其复制到...\standard\metric\Case\cool\目录下的 date 文件夹中，并将其命名为 o_ring .xls 的标准数据库电子文件，建立图 6-16 所示的数据内容。

在 PARAMETERS 项下，使用定义型主控参数 CATALOG 来定义不同规格密封圈标准件的 BOM 属性 CATLOG 的取值，将定义型主控参数 CATALOG 的取值在 ATTRIBUTES 项下通过 CATALOG=CASE:< CATALOG>付给 BOM 属性中的 CATALOG。

由于密封圈在模具二维装配图中需要剖切显示，因此在 ATTRIBUTES 项下设置了控制标准件剖切显示状态的属性 SECTION-COMPONENT=YES。

PARAMETERS 项下还有定义型主控参数"d"，它用来定义密封圈标准件的调用规格，由冷却管的直径决定。设计工程师只要选择相应的冷却管直径就可以调用正确规格的密封圈标准件，减小调用错误标准件规格的可能性，在 UG NX 模板部件中该主控参数是不存在的。可变型主控参数 Compress_Ration*d，即密封圈的深度值是由压缩比率和密封圈的截面直径共同决定的。设计工程师也可以在"标准件管理器"对话框的"尺寸"选项组的尺寸控制表中将其设定为常量而脱离运算关系 H= Compress_Ration*d。

	A	B	C	D	E	F	G	H	I	J
1	## CASE O-ring data									
2	## Veislon A 2016.03.29 create by ***									
3										
4	COMMENT	压箱比率Compress_Mation决定密封圈的的预压量和安装箱的深度								
5										
6	PARENT	<<UM_COOL>>								
7										
8	POSITION	PLANE								
9										
10	ATTRIBUTES									
11	CATAL OG=CASE:<CATAL OG>									
12	BREVITY=OR									
13	MATERIAL=STD									
14	MW_STOCK_SIZE=NO NEED ORDER									
15	STOCK_REV=A									
16	MW_COMPONENT_NAME=ORING									
17	MW_SIDE=<SIDE>									
18	SECTION_COMPONENT=YES									
19										
20	BITMAP	standard/metric/Case/cool/bitmap/o_ring.bmp								
21										
22	PARAMETERS									
23	d	Compress_Ration	d_com	D1	D2	D3	H	CATALOG	SIDE	
24	∅4	0.7-1+0.05	1.9	5.8	5	10.4	Compress_P	P6 5.8*1.9	A,B	
25	∅5			7.8	7	12.4		P8 7.8*1.9		
26	∅6			8.8	8	13.4		P9 9.8*1.9		
27	∅8		2.4	10.8	10	16.4		P11 10.8*2.4		
28	∅10			13.8	13	19.4		P14 13.8*2.4		
29	∅11.1			14.8	14	20.4		P15 14.8*2.4		
30	∅12.7			15.8	15	21.4		P16 15.8*2.4		
31	∅15			17.8	17	23.4		P18 16.8*2.4		
32	END									

图 6-16　密封圈标准件的数据库数据

（2）在标准件注册电子表格文件中注册密封圈标准件

打开...\standard\metric\Case\目录下的 case_reg_mm.xls 电子表格文件，将密封圈标准件的数据库电子表格文件 o_ring.xls 及 UG NX 模板部件 o_ring.prt 注册到电子表格文件中，如图 6-17 所示。

A	B	C	D	E
##Version CASE 2015/11/20 create by dengjingdong				
NAME	DATA_PATH	DATA	MOD_PATH	MODEL
------Case Screws Unit ------	/standard/metric/Case/cool/date	connector_plug.xls	/standard/metric/Case/cool/part	connector_plug.prt
Connector Plug		connector_plug. xls		connector_plug.prt
O-Ring		o_ring.xls		o_ring.prt

图 6-17　注册密封圈标准件

6.3.4　密封圈模型验证和调试

密封圈模型的验证内容主要是针对压缩变形，验证属性值的设置是否正确，主控参数设置是否合理，是否有因主控参数的取值不合理造成几何冲突现象发生等。

6.4　内六角圆柱头螺钉标准件设计

6.4　内六角圆柱头螺钉标准件设计

内六角圆柱头螺钉在模具中被广泛使用，其定位原点有 3 种，如图 6-18 所示。3 个定位原点所在的平面，即为调用标准件时选择的安放平面。

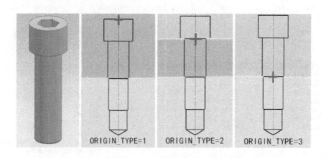

图 6-18　内六角圆柱头螺钉的定位原点

6.4.1　内六角圆柱头螺钉主控参数设计

1）在…\standard\metric\Case\目录下新建一个名为 screw 的文件夹，在 screw 文件夹下继续建立新文件夹 Model，用来保存 UG NX 模板文件。

2）在步骤 1）建立的 Model 文件夹中新建一个文本文档（.txt），在文档里输入图 6-19 所示的标准件 UG NX 模板部件的主控参数，保存后关闭，再将该文件重命名为 shcs.exp。

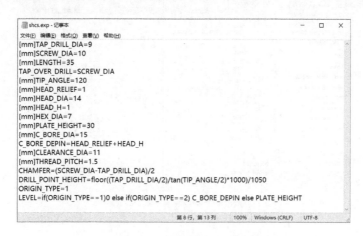

图 6-19　文本文档中建立主控参数

6.4.2　内六角圆柱头螺钉建模

内六角圆柱头螺钉建模的具体步骤如下。

1）运行 UG NX，新建一个模型部件，单位为毫米，文件名为 shcs.prt，保存在 6.4.1 节步骤 1）中建立的 Model 文件夹中，进入模型环境，如图 6-20 所示。

2）选择"工具"→"表达式"命令，弹出"表达式"对话框，单击"从文件导入表达式"按钮，选中 6.4.1 节步骤 1）中所建立的 shcs.exp 文件，将其导入 UG NX 部件。被导入的文件中的表达式会出现在"表达式"对话框的列表窗口和部件导航器中，如图 6-21 所示。

图 6-20　新建内六角圆柱头螺钉 UG NX 模板部件

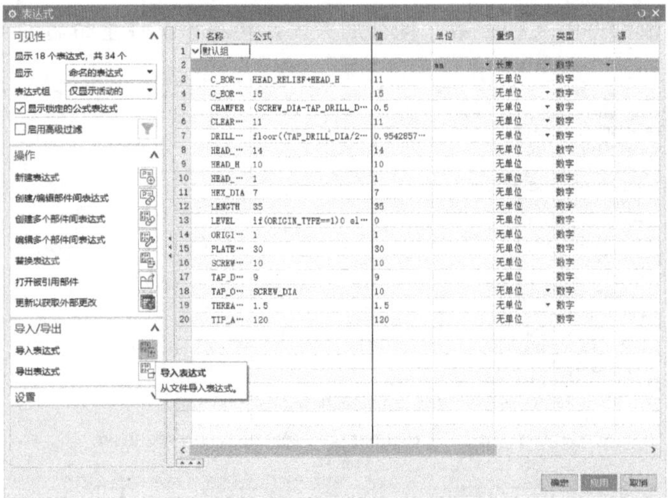

图 6-21　导入表达式文件

3）在"主页"→"特征"工具栏中，单击"基准坐标系"按钮 ⚒，弹出图 6-22 所示的"基准坐标系"对话框。在"平移"选项组的"Z"文本框中输入 LEVEL，其余选项保持默认。此时，创建出一个新的基准坐标系。

4）在"主页"→"直接草图"工具栏中，单击"草图"按钮 🖉，进入草图环境。选择步骤 3）建立的基准坐标系中的 XOY 平面为草图的放置面。

5）绘制内六角圆柱头螺钉的草图，绘制结果如图 6-23 所示，并添加约束。添加的尺寸约束和几何约束要求适当而又充分，使得草图全约束。

选择"完成草图"命令，退出草图环境。

6）建立内六角圆柱头螺钉的本体。

① 选择"拉伸"命令，建立内六角圆柱头螺钉的螺柱。拉伸的截面曲线为草图中绘制的最

大的圆；拉伸方向为"-ZC"；拉伸开始距离为 C_BORE_DEPTH；拉伸结束距离为 LENGTH+
C_BORE_DEPTH；其余选项保持默认，单击"确定"按钮，完成螺钉本体的螺柱的建立，如
图 6-24 和图 6-25 所示。

图 6-22　创建基准坐标系

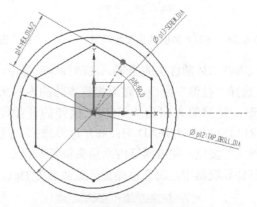

图 6-23　绘制内六角圆柱头螺钉的草图

图 6-24　螺钉本体的螺柱参数设置

图 6-25　螺钉本体的螺柱

在部件导航器中，将该拉伸特征重命名为 Screw Body。

② 选择"凸台"命令，建立螺钉本体圆柱头（Head）。选择螺柱顶端的平面作为圆柱头的放
置面；凸台"直径"文本框中输入 HEAD_DIA；凸台"高度"文本框中输入 HEAD_H；凸台"锥
角"文本框中输入"0"，如图 6-26 所示。

完成参数设置后单击"确定"按钮，进入"定位"对话框。选择"点落在点上"命令，如
图 6-27 所示。单击"标识实体面"按钮，选中螺柱的外表面，将圆柱头的中心定位到螺柱顶端平
面的圆心，如图 6-28 所示。

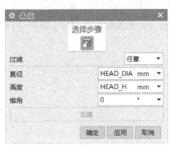

图 6-26　螺钉本体圆柱头参数设置　　　　图 6-27　定位方法　　　图 6-28　螺钉本体圆柱头

完成螺钉本体圆柱头的绘制，在部件导航器中，将该凸台特征重命名为 Head。

③ 选择"拉伸"命令，建立螺钉本体的内六角头（Hex）。拉伸的截面曲线为草图曲线中的正六边形；拉伸的方向为"-ZC"；拉伸的开始距离为 HEAD_RELIEF；拉伸的结束距离为 HEAD_RELIEF+0.66*HEAD_H；布尔运算选择"减去"；其余选项保持默认，如图 6-29 所示，单击"确定"按钮，完成螺钉内六角头特征的建立，如图 6-30 所示。

在部件导航器中，将该拉伸特征重命名为 Hex。

图 6-29　螺钉本体的内六角头参数设置　　　　图 6-30　螺钉本体的内六角头

④ 选择"边倒角"命令，建立螺钉本体的螺柱底端倒角。选择螺柱底端的边作为要倒角的边；在"边倒圆"文本框中输入 CHAMFER；单击"确定"按钮，完成螺钉本体的螺柱底端倒角的建立。如图 6-31 所示。

在部件导航器中，将该倒角特征重命名为 CHAMFER。

7）建立内六角圆柱头螺钉建腔用的实体（建腔实体）。

① 选择"拉伸"命令，建立建腔螺纹轴（TAP_DRILL）。拉伸的截面曲线为草图中间的圆曲线；拉伸的方向为"-ZC"。拉伸开始距离为 PLATE_HEIGHT；拉伸终止距离为 C_BORE_

图 6-31　螺钉本体的螺柱底端倒角

DEPIN+LENGTH+0.5*TAP_OVER_DRILL；其余选项保持默认，如图 6-32 所示，单击"确定"按钮，完成建腔螺纹轴的建立，如图 6-33 所示。

图 6-32　建腔螺纹轴参数设置

图 6-33　建腔螺纹轴

② 选择"凸台"命令，建立建腔螺纹光孔轴（THR_DRILL）。选择建腔螺纹轴底端的平面作为建腔螺纹光孔轴的放置面；凸台"直径"文本框中输入"TAP_DRILL_DIA-0.001"；凸台"高度"文本框中输入"0.5*TAP_OVER_DRILL"；凸台"锥角"文本框中输入"0"，如图 6-34 所示。

完成参数设置后单击"确定"按钮，进入"定位"对话框，选择"点落在点上"命令。单击"标识实体面"，选中建腔螺纹轴的外表面，将建腔螺纹光孔轴的中心定位到建腔螺纹光孔轴的圆心。完成建腔螺纹光孔轴的绘制，如图 6-35 所示。

在部件导航器中，将该凸台特征重命名为 THR_DRILL。

③ 选择"凸台"命令，建立建腔螺纹光孔轴锥台（DRILL_TIP）。选择建腔螺纹光孔轴底端的平面作为建腔螺纹光孔轴锥台的放置面；凸台"直径"文本框中输入"TAP_DRILL_DIA-0.001"；凸台"高度"文本框中输入 DRILL_POINT_HEIGHT；凸台"锥角"文本框中输入"TIP_ANGLE/2"，如图 6-36 所示。

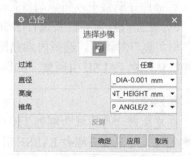

图 6-34　建腔螺纹光孔轴参数设置　　图 6-35　建腔螺纹光孔轴　　图 6-36　建腔螺纹光孔轴锥台参数设置

完成参数设置后单击"确定"按钮，进入"定位"对话框，选择"点落在点上"命令。单击"标识实体面"按钮，选中建腔螺纹光孔轴的外表面，将建腔螺纹光孔轴锥台的中心定位到建腔螺纹光孔轴的圆心。完成建腔螺纹光孔轴锥台的绘制，如图 6-37 所示。

在部件导航器中，将该凸台特征重命名为 DRILL_TIP。

④ 选择"凸台"命令，建立建腔螺钉避空孔轴（CLEARANCE_HOLE）：选择建腔螺纹轴顶端的平面作为建腔螺钉避空孔轴的放置面；凸台"直径"文本框中输入 CLEARANCE_DIA；凸台"高度"文本框中输入 PLATE_HEIGHT-C_BORE_DEPIN；凸台"锥角"文本框中输入"0"，如图 6-38 所示。

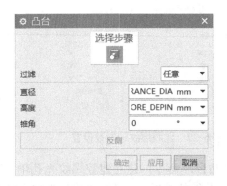

图 6-37　建腔螺纹光孔轴锥台　　　　　图 6-38　建腔螺钉避空孔轴参数设置

完成参数设置后单击"确定"按钮，进入"定位"对话框，选择"点落在点上"命令。单击"标识实体面"按钮，选中建腔螺纹轴的外表面，将建腔螺钉避空孔轴的中心定位到建腔螺纹轴的圆心。完成建腔螺钉避空孔轴的绘制，如图 6-39 所示。

在部件导航器中，将该凸台特征重命名为 CLEARANCE_HOLE。

⑤ 选择"凸台"命令，建立建腔螺钉沉头孔轴（C_BORE）。选择建腔螺钉避空孔轴顶端的平面作为建腔螺钉沉头孔轴的放置面；凸台"直径"文本框中输入 C_BORE_DIA；凸台"高度"文本框中输入 C_BORE_DEPIN；凸台"锥角"文本框中输入"0"，如图 6-40 所示。

完成参数设置后单击"确定"按钮，进入"定位"对话框，选择"点落在点上"命令。单击"标识实体面"按钮，选中建腔螺钉避空孔轴的外表面，将建腔螺钉沉头孔轴的中心定位到建腔螺钉避空孔轴的圆心。完成建腔螺钉沉头孔轴的绘制，如图 6-41 所示。

在部件导航器中，将该凸台特征重命名为 C_BORE。

8）建立内六角圆柱头螺钉的引用集。依次选择"菜单"→"格式"→"引用集"命令，弹出"引用集"对话框，选择内六角圆柱头螺钉的本体建立 TRUE 引用集，选择内六角圆柱头螺钉建腔实体建立 FALSE 引用集，如图 6-42 和图 6-43 所示。

特别提示

在建立内六角圆柱头螺钉 TRUE 引用集时，可以先将建腔实体隐藏，方便选择本体；同理，在建立内六角圆柱头螺钉 FALSE 引用集时，可以将本体隐藏，方便选择建腔实体。

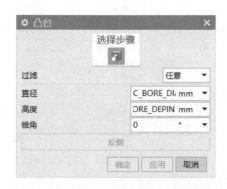

图 6-39　建腔螺钉避空孔轴　　　图 6-40　建腔螺钉沉头孔轴参数设置　　　图 6-41　建腔螺钉沉头孔轴

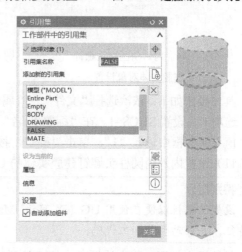

图 6-42　建立内六角圆柱头螺钉 TRUE 引用集　　　图 6-43　建立内六角圆柱头螺钉 FALSE 引用集

9）对内六角圆柱头螺钉的建腔实体、本体进行对象设置。选择"编辑"→"对象显示"命令，选择内六角圆柱头螺钉建腔实体，弹出"编辑对象显示"对话框。图层选择"99"，颜色 ID 选择 211（蓝色），"线型"选择虚线，"宽度"选择"0.35mm"，透明度选择"80"，其余选项保持默认，如图 6-44 所示。

同理，对内六角圆柱头螺钉本体进行对象设置。图层选择"1"，颜色 ID 选择 78（橙色），"线型"选择实线，"宽度"选择"0.35mm"，透明度选择"0"，选中"局部着色"，其余选项保持默认，如图 6-45 所示。

将草图移至 21 层，基准坐标系移至 61 层，建腔实体移至 99 层，其余辅助建模几何体移至 256 层。保持绘图区域整洁、清晰。

本例实施最终效果如图 6-46 所示。

10）设置内六角圆柱头螺钉的 UG NX 模板部件的属性。

特别提示

当内六角圆柱头螺钉作为其他标准件的子组件时，通过设置此部件识别属性，供标准件数据库电子表格文件中的相关数据选项（如 ATTRIBUTES、INTER_PART 等）识别该部件（shcs.prt）。

图 6-44　内六角圆柱头螺钉　　　图 6-45　内六角圆柱头螺钉　　图 6-46　内六角圆柱头螺钉
　　　建腔实体对象设置　　　　　　　　　本体对象设置　　　　　　　　最终效果图

具体操作如下：依次选择"文件"→"属性"命令，弹出"显示部件属性"对话框，单击"属性"选项卡，设置 SHCS=1。在"标题/别名"文本框中输入 SHCS，"数据类型"选择"字符串"，在"值"文本框中输入"1"，单击"确定"按钮退出该对话框，如图 6-47 所示。

11）设置内六角圆柱头螺钉建腔实体的 UG NX CAM 面属性。

特别提示

设置该属性以便在使用 UG NX Hole Making 功能时能自动识别使用该建腔实体建立的腔体孔特征，并自动生成加工代码。

具体操作如下：将上边框条中的"类型过滤器"选择"面"，选择建腔实体的相关圆柱面并右击，在弹出的快捷菜单中选择"属性"选项，弹出"凸台属性"对话框，单击"属性"选项卡，设置相应的面属性，结果如图 6-48 所示。

图 6-47　设置部件识别属性

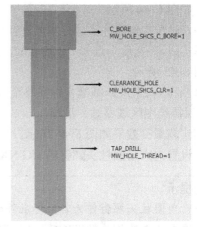

图 6-48　内六角圆柱头螺钉的 UG NX CAM 面属性

① 指定建腔螺钉沉头孔轴（C_BORE）的圆柱面属性为 MW_HOLE_SHCS_C_BORE=1，如图 6-49 所示。

② 指定建腔螺钉避空孔轴（CLEARANCE_HOLE）的圆柱面属性为 MW_HOLE_SHCS_CLR=1，如图 6-50 所示。

③ 指定建腔螺纹孔轴（TAP_DRILL）的圆柱面属性为 MW_HOLE_THERED=1，如图 6-51 所示。该属性是在使用模具设计模块的建腔功能时，实现螺钉孔自动攻螺纹的必备条件之一。

图 6-49　建腔螺钉沉头孔轴的圆柱面属性

图 6-50　建腔螺钉避空孔轴的圆柱面属性

图 6-51　建腔螺纹孔轴的圆柱面属性

12）建立内六角圆柱头螺钉标准件的位图文件。在…\standard\metric\Case\screw\目录下新建一个名为 bitmap 的文件夹，后面实例的紧固类标准件 bitmap 位图文件均保存到此文件夹下。

建立内六角圆柱头螺钉标准件位图文件。shcs-1.bmp 用于表达内六角圆柱头螺钉标准件的外形及定位原点，如图 6-52 所示。shcs-2.bmp 用于详细标识内六角圆柱头螺钉标准件的主控参数分布，如图 6-53 所示。

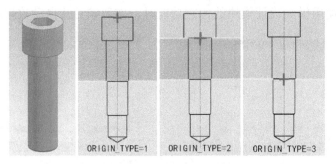

图 6-52　内六角圆柱头螺钉的结构及定位原点位图

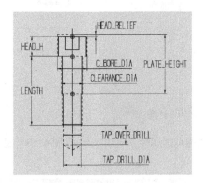

图 6-53　内六角圆柱头螺钉的主控参数分布标识图

6.4.3　建立内六角圆柱头螺钉标准件的数据库

（1）建立数据库

在…\standard\metric\Case\screw\目录下新建一个名为 data 的数据库文件夹，后面实例开发的紧固类标准件的标准件数据库电子表格文件均保存到此文件夹下。

在…\MOLDWIZARD\templates\目录下或随书的素材 templates 文件夹中找到名为 standard_templates.xls 的电子表格文件，将其复制到上述步骤建立的 data 文件夹中，并将它重命名为 shcs.xls。

按标准件数据内容和格式规则，在 shcs.xls 标准件数据库电子表格文件中建立数据。

由于内六角圆柱头螺钉是通用紧固标准件，在后续的开发中，装配结构级的标准件常要将内六角圆柱头螺钉标准件作为子标准件装入其中，这些子标准件的数据库可以受其自身的标准件数据库的数据控制。因此，需要为内六角圆柱头螺钉标准件建立两套数据工作表，工作表“sheet1”的数据，作为调用内六角圆柱头螺钉标准件的通用管理数据；工作表“sheet2”的数据，用作当内六角圆柱头螺钉标准件作为其他标准件的子标准件时读取的专用管理数据。

在工作表“sheet1”中建立的内六角圆柱头螺钉标准件通用管理数据，供 UG NX 标准件管理器读取、调用，如图 6-54 所示。

图 6-54　内六角圆柱头螺钉通用管理数据

（2）在标准件注册电子表格文件中注册内六角圆柱头螺钉标准件

打开…\standard\metric\Case\目录下的 case_reg_mm.xls 电子表格文件，添加图 6-55 所示的注册内容（注册时建立分类）。

图 6-55　注册内六角圆柱头螺钉标准件

6.4.4　内六角圆柱头螺钉模型验证和调试

至此已经基本完成了内六角圆柱头螺钉标准件的开发工作，最后的步骤是在应用前进行该标准件的验证和调试。该标准件最主要的验证内容是：能否实现开发目标中确立的 3 种定位方法，使用"建腔"命令建立腔体孔特征时能否实现自动攻螺纹。

6.5　浇口套标准件设计

6.5　浇口套标准件设计

装配结构的标准件可能包含紧固或定位用的子标准件，如螺钉、销钉等，其本身可能就有较为复杂的结构。此类较复杂标准件组件的装配建模方法常用自底向上、自顶向下以及混合方法，WAVE 模式也可为几何链接器的使用提供帮助。

浇口套是将注射机熔融的胶料，经注射喷嘴射入到模具型腔的零件，其球形凹面与注射机喷嘴相配合，其位置由浇口套精确定位。浇口套的定位原点及主控参数如图 6-56 所示。

6.5.1 浇口套主控参数设计

在…standard/metric/Case/injection/model 目录下新建立一个文本文档（.txt），将该文件重命名为 sprue bushings.exp 后，打开 sprue bushings.exp 文件，建立图 6-57 所示的浇口套标准件 UG NX 模板部件的主控参数，保存并退出该文件。

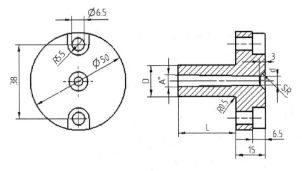

图 6-56　浇口套定位原点及主控参数　　　　图 6-57　文本文档中建立主控参数

6.5.2 浇口套建模

1）运行 UG NX，新建一个模型部件，单位为毫米，文件名为 sprue bushings.prt，保存在…standard/metric/Case/injection/model 文件夹中，进入建模环境，如图 6-58 所示。

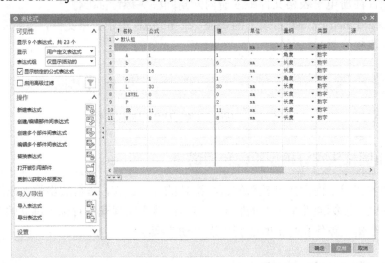

图 6-58　新建肩型凸模 UG NX 模板部件

2）选择"工具"→"表达式"命令，在"表达式"对话框中，单击"从文件导入表达式"按钮，选中 6.5.1 节建立的 sprue bushings.exp 文件，将其导入 UG NX 部件。被导入的文件中的表达式会出现在"表达式"对话框的列表窗口和部件导航器中，如图 6-59 所示。

3）在"主页"→"特征"工具栏中，单击"基准 CSYS"按钮，弹出图 6-60 所示的"表达式"对话框，在 Z 方向偏置数值选 LEVEL，其余选项保持默认，创建一个新的基准坐标系。

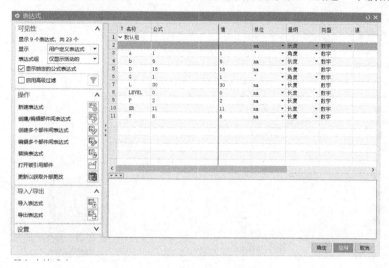

图 6-59　导入表达式文件

4) 在"主页"→"直接草图"工具栏中，单击"草图"按钮 ✎，进入草图环境。选择 XOY 平面为草图的放置面，绘制浇口套的草图，绘制结果如图 6-61 所示，并添加约束。所添加尺寸约束和几何约束要求适当而又充分，使得草图全约束。单击"完成草图"按钮，退出草图环境。

图 6-60　创建基准坐标系

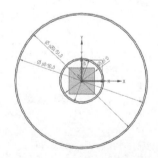

图 6-61　绘制浇口套的草图

5) 建立浇口套的凸缘部分。选择"拉伸"命令 ⬡，拉伸的截面曲线为草图中绘制的中间的圆；拉伸方向为"-ZC"；拉伸开始距离为"0"；拉伸结束距离为 L；其余选项保持默认，单击"确定"按钮，完成凸缘的建立，如图 6-62 和图 6-63 所示。

在部件导航器中，将该拉伸特征重命名为 TUYUAN。

图 6-62　凸缘的参数设置

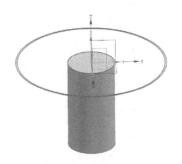

图 6-63　建立凸缘

6）单击"拉伸"按钮 ，建立浇口套的凹槽凸缘。拉伸的截面曲线为草图曲线中的最小的圆；拉伸的方向为"ZC"；拉伸的开始距离为"0"；拉伸的结束距离为"15"；布尔运算选择"合并"；其余选项保持默认，单击"确定"按钮，完成浇口套的凹槽凸缘的建立，如图 6-64 和图 6-65 所示。

在部件导航器中，将该拉伸特征重命名为 AOCAOTUYUAN。

图 6-64　凹槽凸缘的参数设置

图 6-65　凹槽凸缘

7）选择"孔"命令，建立凹槽凸缘的安装孔。选择凹槽凸缘顶端的面为工作平面；选择简单孔，直径为"6.5"，选择"贯通体"，如图 6-66 所示。接着在上表面建立拉伸特征，圆形部分直径取"11",拉伸深度为"6.5",如图 6-67 所示。在部件导航器中将该特征命名为 KONG 和 ANZHUANGKONG。

图 6-66　插入简单孔

图 6-67　拉伸安装孔

8）选择"旋转"命令,建立凹槽。在 XOZ 平面上绘制图 6-68 所示的草图;指定矢量为"Z";指定点为"原点",开始角度为"0",结束角度为"360",布尔运算为"减去",单击"确定"按钮,得到图 6-69 所示凹槽。在部件导航器中将该特征命名为 AOCAO。

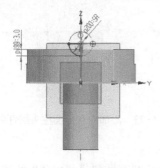

图 6-68　凹槽草图

图 6-69　凹槽

9）选择"孔"命令,建立浇口。指定点为凸缘底端的中心点,形状为"锥孔",直径为"d",锥角为"A",选择"贯通体",布尔运算为"减去",单击"确定"按钮,如图 6-70 所示。在部件导航器中将该特征命名为 ZHUIKONG。

10）选择"边倒圆"命令,建立凸缘底端倒角。选择凹槽凸缘和凸缘相连的边作为要倒圆角的边;"边倒圆"文本框中输入"0.5";单击"确定"按钮,完成凹槽凸缘底端圆角的建立,如图 6-71 所示。在部件导航器中,将该边倒圆特征重命名为 CHAMFER1。

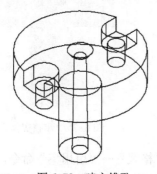

图 6-70　建立锥孔

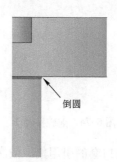

倒圆

图 6-71　倒圆特征

11）装配两个内六角圆柱头螺钉标准件（shcs.prt 模板部件）到浇口套沉头螺钉安装孔位置。

① 从...\standard\metric\Case\screw\model 文件夹下，将内六角圆柱头螺钉标准件 shcs.prt 模板部件，复制到浇口套标准件的 UG NX 模板部件所在的文件夹中。然后用 UG NX 打开该 shcs.prt 文件。在"表达式"对话框中，更改图 6-72 所示的内六角圆柱头螺钉主控参数值，以便装配时内六角圆柱头螺钉标准件（shcs.prt 模板部件）能和浇口套的 UG NX 模板部件 sprue bushing.prt 中的沉头螺钉安装孔特征大小大致相匹配。

② 以 sprue bushing.prt 部件作为装配部件，选择"装配"→"组件"→"添加组件"命令，在出现的对话框中选择内六角圆柱头螺钉标准件 shcs.prt 模板部件。在"添加现有部件到装配"对话框中设置：引用集为 TRUE；"定位"为"通过约束"，其他设置保持默认。然后单击"确定"按钮，进入到"装配配对约束"对话框，通过"自动判断中心"和"接触"选项，添加一个 shcs.prt 组件到 sprue bushing.prt 的沉头螺钉安装孔位置。重复操作一次，再添加一个 shcs.prt 组件到另一个沉头螺钉安装孔位置完成装配，如图 6-73 所示。

```
LENGTH=16
HEX_DIA=5
TAP_DRILL_DIA=5
PLATE_HEIGHT=15
HEAD_RELIEF=0.5
C_BORE_DIA=11
HEAD_DIA=11
CLEARANCE_DIA=6.5
HEAD_H=6
ORIGIN_TYPE=1
```

图 6-72 修改内六角圆柱头螺钉主控参数

图 6-73 添加内六角圆柱头螺钉到浇口套

12）建立浇口套的建腔实体。

① 选择"拉伸"命令，建立浇口套建腔实体。拉伸的截面曲线为"D+1"的圆，拉伸方向为"-ZC"，开始距离为"0"，结束距离为"L+1"，布尔运算为"无"，其他选项为默认值，创建的建腔实体如图 6-74 所示。在部件导航器中将该特征命名为 TUYUANSHITI。

② 选择"拉伸"命令，建立浇口套凹槽凸缘建腔实体。拉伸的截面曲线为 ⌀50 的圆，拉伸方向为"ZC"，开始距离为"0"，结束距离为"16"，布尔运算为"无"，其他选项为默认值，创建的凹槽凸缘建腔实体如图 6-75 所示。在部件导航器中将该特征命名为 TUYUANSHITI。

图 6-74 建腔实体 1

图 6-75 建腔实体 2

13）建立浇口套的引用集。依次选择"菜单"→"格式"→"引用集"命令，弹出"引用集"对话框，选择本体建立 TRUE 引用集，选择浇口套建腔实体建立 FALSE 引用集，如图 6-76 和图 6-77 所示。

图 6-76　建立 TRUE 引用集

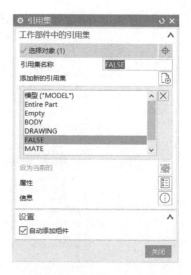

图 6-77　建立 FALSE 的用集

14）本步骤将对浇口套的建腔实体、本体进行对象设置。选择"编辑"→"对象显示"命令，选择浇口套建腔实体，弹出"编辑对象显示"对话框。图层选择 61 层，颜色 ID 选择 211（蓝色），"线型"选择虚线，"宽度"选择"0.35mm"，透明度选择"80"，其余选项保持默认，如图 6-78 所示。将浇口套的本体放置在第一层，将草图放置在第 21 层，将基准面、基准轴等所有辅助建模几何体放置在第 60 层，将建腔实体放置在第 99 层，最终效果如图 6-79 所示。

图 6-78　浇口套建腔实体对象设置

图 6-79　完成的标准件实体模型

15）设置浇口套的 UG NX 模板部件的属性。依次选择"文件"→"属性"命令，弹出"显示部件属性"对话框，单击"属性"选项卡，设置 SHOUDER TYPE PUNCH=1。在"标题/别名"文本框中输入 SHOUDER TYPE PUNCH，"数据类型"选择"字符串"，在"值"文本框中输入"1"，如图 6-80 所示。单击"确定"按钮退出该对话框。

图 6-80　设置部件识别属性

16）建立浇口套标准件的位图文件。在...\standard\metric\Case\injection\bitmap 文件夹中，建立浇口套标准件的 bitmap 位图文件。如图 6-55 所示。

6.5.3　建立浇口套标准件的数据库

（1）建立数据库

1）在...\MOLDWIZARD\templates\目录下找到名为 standard_template.xls 的电子表格文件，将其复制到...\standard\metric\Case\injection\ 目录下的 data 文件夹中，并将其重命名为 sprue bushings.xls 标准件数据库电子表格文件。

2）在 sprue bushing.xls 标准件数据库电子表格文件中建立相关的数据。

① ##（描述）项。在 A1 单元格添加内容 "##CASE sprue bushing data"，用以说明该标准件数据库电子表格文件的当前工作表。在 A2 单元格添加内容 "## Version A 2016/04/10　created by xxx"，用以说明该标准件数据库的版本、建立（修改）日期、建立（或修订）人。

② COMMENT（注释）项。在 A4 单元格添加内容 COMMENT，单元格 B4 添加注释内容，该注释信息会被标准件管理器读取，并出现在标准件管理器的图形显示窗口下方，向工程师提供说明。

③ PARENT（默认父部件）项。在 A6 单元格添加内容 PARENT，在 B6 单元格添加内容 "<MW_MISC_SID_A>"。使用 UG NX Moldwizard 建立的模具设计项目，在顶级装配部件 "xxxx_top" 下有个 "xxxx_msic" 部件是专门用于管理标准件的。在 "xxxx_msic" 部件下，又有两个部件即 "xxxx_msic_side_a" 和 "xxxx_msic_side_b"，前者用于放置定模侧的标准件，后者用于放置动模侧的标准件。因为浇口套装配在定模安装板上，因此将其默认的父部件设置为 "<MW_MISC_SIDE_A>"，调用后将其放置在 "xxxx_msic_side_a" 父部件下。

● POSITION（默认定位方法）。在 A8 单元格添加内容 POSITION，在 B8 单元格添加内容 NULL。由于浇口套标准件在开发时，就考虑到了自动定位到定模安装板的顶面，因此将定位方式设为"NULL（默认值）"。

- ATTRIBUTES（属性）项。属性项的数据设置如图 6-81 所示。

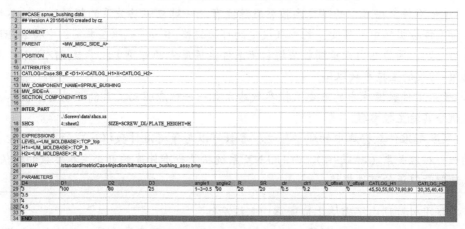

图 6-81　浇口套标准件数据库电子表格

A13 单元格的属性 MW_COMPONENT_NAME=SPRUE_BUSHING，用于定义浇口套标准件在 Mold Wizard 使用环境下的部件类别名称。例如，内六角圆柱头螺钉、平头螺钉的部件类别都可以统称为 SCREW。

A14 单元格的属性 MW_SIDE=A，用于在绘制模具装配图时指定浇口套标准件显示在定模侧的视图中，而不致出现在动模侧的视图中。

A15 单元格的属性 SECTION_COMPONENT=YES，用于在绘制二维的装配图剖视图时，剖切某个零件，如果设为 NO，就不会剖切该零件了。轴类零件如螺钉、定位销、顶针、导柱等零件，一般在装配剖视图中是不需要剖切的，因此需要将属性值设置为 NO。

- INTER_PART 项。由于此实例开发的浇口套，装配了内六角圆柱头螺钉标准件作为它的子组件，因此需要使用 INTER_PART 项，来读取内六角圆柱头螺钉标准件（外部）数据库数据，以驱动装配于浇口套标准件下的内六角圆柱头螺钉标准件的尺寸规格更新。INTER_PART 项的数据建立方法如图 6-82 所示。

A18 单元格的数据 SHCS 要和装配在浇口套标准件下的内六角圆柱头螺钉标准件 shcs.prt 的部件识别属性名称一致，且为 shcs.prt 设置了正确的部件识别属性值 "SHCS=1"。

B18 单元格内，定义了内六角圆柱头螺钉标准件的数据库数据的路径、文件名、工作表。在内六角圆柱头螺钉标准件开发时，已经为其建立了专供外部标准件数据库文件读取的专用数据管理工作表 "sheet2"。

C18 单元格内，定义了内六角圆柱头螺钉标准件数据库中的可变参数 SIZE 的取值，由浇口套标准件数据库中的驱动型主控参数 SCREW_DIA 的取值所驱动。

特别提示

1）子标准件数据库中的可变主控参数都要在主装配标准件数据库中 INTER_PART 项相应位置，建立与主装配标准件数据库中的驱动型主控参数一一对应的驱动关系，其他非可变的主控参数不必对应到主装配标准件库中。

2）INTER_PART 项下只能建立 4 组一一对应的参数驱动关系，因此，子标准件数据库中的可变主控参数不能超过 4 个，否则不能与主装配标准件数据库中的驱动型主控参数建立完全——对应的驱动关系。

3）与子标准件数据库中的可变主控参数建立有——对应驱动关系的驱动型主控参数，其取值应是子标准件数据库中的可变主控参数设定的可选规格。例如，不能在本实例中将 SCREW_DIA 的取值设为"7"，因为在内六角圆柱头螺钉标准件数据库中的可变主控参数 SIZE 下，没有定义可选规格为"7"的主控参数取值。

4）与子标准件数据库中的可变主控参数建立有——对应驱动关系的驱动型主控参数，不能将其取值赋给其他主控参数。

5）主装配标准件数据库中的驱动型主控参数可以与子标准件数据库中的可变主控参数建立判别式的——对应关系（>=或<=），由 UG NX 系统从子标准件库的可变主控参数的取值规格内，依判别式选取最接近的可选规格。

（2）在标准件注册电子表格中注册浇口套标准件

打开 ..\standard\metric\Case 目录下的 case_reg_mm.xls 电子表格文件，在其中添加图 6-82 所示的注册内容。

8	----Case injection Unit----	/standard/metric/case/injection/data	locatingring.xls	/standard/metric/case/injection/model	locatingring.prt
9	locatingring	/standard/metric/case/injection/data	locatingring.xls	/standard/metric/case/injection/model	locatingring.prt
10					
11	sprue_bushing		sprue_bushing_assy.xls		sprue_bushing_assy.prt

图 6-82　标准件注册电子表格

6.5.4　浇口套模型验证和调试

至此基本完成了浇口套标准件的开发工作，最后进行该标准件的验证和调试。该标准件最主要的验证内容是能否实现开发目标中的确立目标，即调用浇口套时能否实现自动安装定位，是否可以设置偏心距离等。

6.6　本章小结

本章以模具中常用的单一标准件为例，由浅入深、逐步深入讲述了标准件开发过程，包括密封圈、内六角圆柱头螺钉标准件。以注射模具中的浇口套为例，介绍组合件标准件的开发过程。标准件开发过程较为复杂，包括定位原点规划、主控参数设计、标准件本体参数化建模、腔体建模、电子表格数据库建立、标准件位图设计等。

第7章 非标件参数化设计

非标件即非标准零部件，是指国家有关部门没有定出严格的标准规格，没有相关的参数规定，由行业或企业自由控制的零部件。非标准件有很多品种，没有规范的分类，一般都是由企业根据市场需要和自身品牌发展，延伸产品的生命力而自主研发出来的。

学习目标
- □ 非标件参数化设计概述
- □ 吊耳参数化设计
- □ 汽车半轴参数化设计
- □ 船舶舾装件风机参数化设计

7.1 非标件参数化设计概述

实际生产中，企业需要定期对一些常用的零部件进行标准化审查，并将这些零件加入通用零部件库。若存在大量相似的零部件，且频繁出现，根据设计人员的便捷选用原则，可以将它们系列化，即将部分常用部件结构模块化、标准化。类似设备结构的需求可通过模块化调用选取，不仅减少了设计过程中存在的失误和差错，还可以缩短设计周期，减少不必要的成本。

非标件参数化模型初期创建过程为常规设计方法，需注意以下几点：

1）对所有反映在模型外观特征上的变量进行整理，建立用户参数，把所有参数建立精确的关联公式，这样既能保证参数化模型的通用性，又有利于最后的三维设计出图。

2）非标件的三维设计过程有很强的主观性，因此要对一些有规范或标准要求的特征参数进行约束整理，专门建立检查规则，对在设计过程中可能发生的超规设计情况进行提醒。

3）与标准件利用以标注为基础的设计表驱动不同，非标件的参数并不是系列化的，这类模型的参数化过程更适合使用参数驱动和公式驱动，以确保非标件模型的灵活性和多样性。

7.2 吊耳参数化设计

对于大型设备的整体吊装，除了需要那些专业大型起重设备，影响最大的就是设备吊耳及设备自身局部加强部件的选择或设计。由于在整体吊装中，重型设备上千吨的质量全部集中于吊点处的吊耳，所以就要求设计合理的起吊安装用吊耳及设计合理的局部加强结构才能保证设备安全高效。

7.2.1 吊耳设计思路

吊耳一般都是按照 HG/T 21574—2018《化工设备吊耳 设计 选用 规范》的标准进行选取的。由于现在有一些设备质量太大，如果按照标准进行选择，吊耳及塔体的强度，刚度等都无法满足吊装需求。对于这种情况，只有根据具体大型、重型设备的特点设计满足相应吊装要求的非标吊耳。

非标吊耳的设计一般是参考标准吊耳的结构形式进行。如图 7-1 所示，不同质量的设备，吊耳的结构形式分 3 种，图 7-1a 所示为小于 30t 的结构；图 7-1b 所示为 30～80t 的结构，图 7-1c 所示为大于 80t 的结构。随着设备质量的增加，吊耳的直径随之增大。设计完成后将设计得到的非标吊耳进行相应的强度分析，最终确定大型、重型设备的吊耳及局部加强结构的形式。

不同结构的吊耳建模时，首先建立两种不同结构的吊耳（十字形和井字形），采用条件表达式，以起吊设备的质量为主控参数，利用特征抑制的方法，控制两种特征的显示和抑制，从而实现吊耳参数化设计。

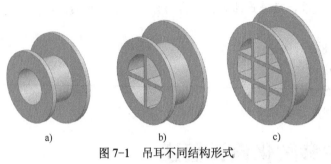

图 7-1　吊耳不同结构形式

a) 轻型吊耳　b) 中型吊耳　c) 重型吊耳

7.2.2　吊耳主控参数设计

新建立一个文本文档（.txt），将该文件重命名为"吊耳主控参数.exp"后，打开"吊耳主控参数.exp"文件，建立图 7-2 所示的吊耳非标准件 UG NX 模板部件的主控参数，保存并退出该文件。

```
吊耳主控参数.exp - Notepad
File Edit Format View Help
[mm]D=if(T<=30t)(200mm)else if(T>30t&T<=80t)(300mm)else if(T>80t&T<=200t)(400mm)else(500mm)
[mm]L=180
[t]T=100
```

图 7-2　吊耳的主控参数

7.2.3　吊耳参数建模

7.2.3　吊耳参数建模

1）运行 UG NX，建立公制的、文件名为"吊耳.prt"的部件，并进入建模环境。

2）选择"工具"→"表达式"命令，弹出"表达式"对话框，单击"从文件导入表达式"按钮，将"吊耳主控参数.exp"文件中的表达式导入到 UG NX 中，如图 7-3 所示。

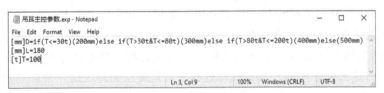

图 7-3　吊耳的主控参数表达式

3）绘制草图 1。单击"草图"按钮，进入草图环境，弹出"创建草图"对话框。选择 XC-ZC

平面作为草图放置面,选择"XC"方向的基准轴为草图的水平参考方向。在绘图区域绘制图 7-4 所示的草图,并添加适当而充分的约束条件(外圆直径为 D,圆心位于坐标系原点),单击"完成草图"按钮 <!-- -->,退出草图环境。

4)拉伸 1。单击"拉伸"按钮 <!-- -->,弹出"拉伸"对话框,选择图 7-4 所示的草图,拉伸方向为"YC",开始距离为 0,结束距离为"L"。单击"确定"按钮,完成拉伸体的创建,如图 7-5 所示。

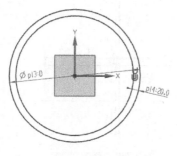

图 7-4　草图 1

图 7-5　拉伸 1

5)拉伸 2。单击"拉伸"按钮 <!-- -->,弹出"拉伸"对话框。选择图 7-5 所示拉伸体的右侧外边线。拉伸方向为"-YC",开始距离为"0",结束距离为"20"。布尔操作选择"合并"选项,并选择图 7-5 所示的拉伸体作为求和对象。在"偏置"下拉列表中选择"两侧"并在"结束"文本框中输入"100",如图 7-6 所示。单击"确定"按钮,完成拉伸体的创建。如图 7-7 所示。

图 7-6　拉伸参数

图 7-7　拉伸 2

6)拉伸 3。单击"拉伸"按钮 <!-- -->,弹出"拉伸"对话框,选择图 7-5 所示拉伸体的左侧外边线。拉伸方向为"YC",开始距离为"0",结束距离为"20"。布尔操作选择"合并"选项,并选择图 7-7 所示的拉伸体作为求和对象。在"偏置"下拉列表中选择"两侧"并在"结束"文本框中输入"60"，单击"确定"按钮，完成拉伸体的创建，如图 7-8 所示。

7）绘制草图 2。单击"草图"按钮 ✍，进入"创建草图"对话框，选择"XC-ZC"平面作为草图放置面，选择"XC"方向的基准轴为草图的水平参考方向。在绘图区域绘制图 7-9 所示的草图 2，并添加适当而充分的约束条件（尺寸约束和几何约束）。单击"完成草图"按钮 ▨，退出草图环境。

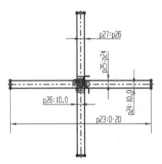

图 7-8　拉伸 3　　　　　　　　　　　　　　　　图 7-9　草图 2

8）拉伸 5。单击"拉伸"按钮 ⬡，弹出"拉伸"对话框，选择图 7-9 所示草图。拉伸方向为"YC"，开始距离为"0"，结束距离为"L"。布尔操作选择"合并"选项，并选择图 7-8 所示的拉伸体作为求和对象。单击"确定"按钮，完成拉伸体的创建，如图 7-10 所示。

9）创建表达式。选择"工具"→"表达式"命令，弹出"表达式"对话框。在"表达式"对话框中新建两个表达式 supp_shizi 和 supp_jingzi，"量纲"为"无单位"，"公式"分别为"if（D==300）（1）else（0）"和"if（D==400||D==500）（1）else（0）"，如图 7-11 所示。

	↑ 名称	公式	值	单位	量纲	类型
1	✓ 默认组					
2			数值		▼ 长度	▼ 数字 ▼
3	D	if(T<=30t)(200mm) else if(T)30t…	200	数值	▼ 长度	▼ 数字
4	-L	180	180	数值	▼ 长度	▼ 数字
5	supp_jingzi	if(D==400│D==500)(1)else(0)	0		无单位	数字
6	supp_shizi	if(D==300)(1)else(0)	0		无单位	数字
7	T	25	25	t	质量	▼ 数字

图 7-10　拉伸 4　　　　　　　　　　　　图 7-11　创建表达式

10）创建抑制表达式。选择"菜单"→"编辑"→"特征"→"由表达式抑制"命令，弹出"由表达式抑制"对话框，如图 7-12 所示。在"表达式选项"下拉列表里选择"创建共享的"，在部件导航器中选择最后的草图和拉伸特征。单击"确定"按钮，完成抑制表达式的创建。

11）编辑抑制表达式。选择"工具"→"表达式"命令，弹出"表达式"对话框，在部件导航器中选择上述创建抑制表达式的特征（草图 5），在"表达式"对话框中查看该特征各表达式的"源"。如图 7-13 所示，p30 的"源"显示为抑制状态（Suppression status），因此，选择该表达式，并双击"公式"列，输入 supp_shizi，最后单击"确定"按钮，完成抑制表达式的编辑。

12）绘制草图 3。单击"草图"按钮 ✍，进入"创建草图"对话框。选择"XC-ZC"平面作为草图放置面，选择"XC"方向的基准轴为草图的水平参考方向。在绘图区域绘制图 7-14 所示的草图 3，并添加适当而充分的约束条件（尺寸约束和几何约束），单击"完成草图"按钮 ▨，退出草图环境。

图 7-12 "由表达式抑制"对话框

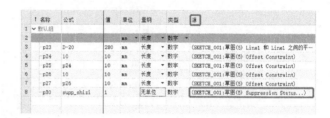

图 7-13 表达式"源"信息

13）单击"拉伸"按钮，弹出"拉伸"对话框，选择图 7-14 所示草图 3。拉伸方向为"YC"，结束距离为"L"。布尔操作选择"合并"选项，并选择图 7-8 所示的拉伸体作为求和对象。在"偏置"下拉列表中选择"对称"，并在"结束"文本框中输入"10"，单击"确定"按钮，完成拉伸体的创建，如图 7-15 所示。

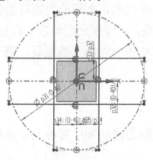

图 7-14 草图 3

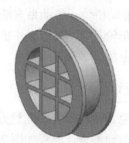

图 7-15 拉伸 5

14）创建抑制表达式。选择"菜单"→"编辑"→"特征"→"由表达式抑制"命令，弹出"由表达式抑制"对话框。在"表达式选项"下拉列表里选择"创建共享的"，在部件导航器中选择最后的草图和拉伸特征。单击"确定"按钮，完成抑制表达式的创建。

15）编辑抑制表达式。选择"工具"→"表达式"命令，弹出"表达式"对话框，在部件导航器中选择上述创建抑制表达式的特征，在"表达式"对话框中选择抑制表达式，并双击"公式"列，输入 supp_jingzi，最后单击"确定"按钮，完成抑制表达式的编辑。此时步骤 12）和步骤 13）所创建的特征处于被抑制状态。

16）保存。

7.2.4 吊耳模型验证与调试

打开部件导航器，展开用户表达式，此时显示创建的所有"用户自定义表达式"，如图 7-16 所示。或者通过"工具"→"表达式"命令，修改表达式"T"的值，使其分别等于 20、60、100，代表设备质量为 20t、60t 和 100t。查看吊耳模型结构的变化。

图 7-16　部件导航器

7.3　汽车驱动桥半轴参数化设计

汽车驱动桥在复杂多变的行驶工况下，承受车架或承载车身与车轮之间的力矩以及各个方向上的力。汽车的驱动桥位于传动系末端，其基本功用是增大转矩，将转矩分配给左、右驱动车轮，并使左、右驱动车轮具有汽车行驶中的差速功能。重型汽车驱动桥一般由主减速器、差速器、半轴、轮边减速器及桥壳等部件组成。

7.3.1　半轴设计思路

当驱动桥的总成结构形式和布置方案确定后，一般是按照动力传动顺序对各大总成和主要零部件进行设计。驱动桥设计流程如图 7-17 所示。

图 7-17　驱动桥设计流程

驱动车轮的传动装置位于传动系的末端，主要作用是将转矩传给驱动车轮，其中半轴是驱动车轮传动装置的重要零部件。图 7-18 所示是某品牌轻型货车驱动桥结构示意图。半轴设计的主要步骤如下：首先，根据半轴的支撑形式确定半轴的形式；其次，根据驱动桥的载荷工况，应用半轴设计公式对半轴主要几何尺寸进行设计计算，得到半轴的直径；选择半轴花键，并进行相关的计算校核。

在半轴设计过程中，基于参数化的思想，利用 UG NX 软件构建半轴的实体模型；然后用有限元技术对这些模型进行分析计算，检验其性能是否满足要求，如果不满足则修改表达式参数，模型随之改变；最后将模型转化为工程图，便可制造。为了得到半轴的最佳设计方案，需要对半轴模型不断修改，同时需重新对半轴进行有限元分析，不断重复建模、前处理等有限元分析步骤，这大大地增加了研发人员重复性工作。

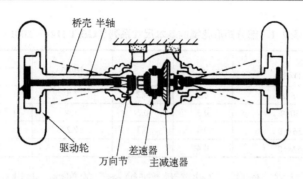

图 7-18　轻型货车驱动桥结构示意图

7.3.2　半轴主控参数设计

新建立一个文本文档（.txt），将该文件重命名为"半轴主控参数.exp"后，打开"半轴主控参数.exp"文件，建立图 7-19 所示的半轴非标准件 UG NX 模板部件的主控参数，保存并退出该文件。

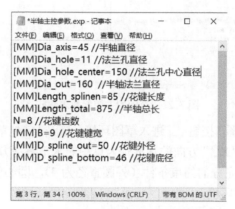

图 7-19　半轴主控参数

7.3.3　半轴参数建模

半轴一侧为花键，为简化操作，本例采用矩形花键（GB/T 1144—2001）。矩形花键键槽截面尺寸如图 7-20 所示。花键的齿数、键宽及高度是随公称直径（花键底径）变化的，部分矩形花键的基本尺寸（GB/T 1144—2001）见表 7-1。

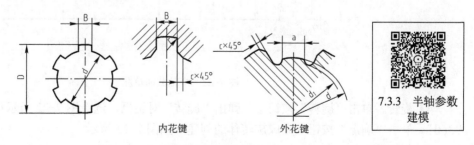

图 7-20　矩形花键键槽截面尺寸

247

表 7-1　部分矩形花键的基本尺寸系列（GB/T 1144—2001）　　　　（单位：mm）

底径 d	规格 N×d×D×B	c	r	Hmin	参考	
					d_{1min}	a_{min}
42	8×42×46×8	0.3	0.2	1.4	40.5	5.0
46	8×46×50×9	0.3	0.2	1.4	44.6	5.7
52	8×52×56×10	0.4	0.3	2.2	49.6	4.8
56	8×56×62×10	0.4	0.3	2.2	53.5	6.5

1）运行 UG NX，建立公制的、文件名为"半轴.prt"的部件，并进入建模环境。

2）选择"工具"→"表达式"命令，弹出"表达式"对话框，单击"从文件导入表达式"按钮 ，将"半轴.exp"文件中的表达式导入到 UG NX 中，如图 7-21 所示。

	↑ 名称	公式	值	单位	量纲	类型
1	∨ 默认组					
2				mm ▼	长度 ▼	数字 ▼
3	B	9	9	mm ▼	长度 ▼	数字 ▼
4	D_splins_bottom	46	46	mm ▼	长度 ▼	数字 ▼
5	D_spline_out	50	50	mm ▼	长度 ▼	数字 ▼
6	Dia_axis	45	45	mm ▼	长度 ▼	数字 ▼
7	Dia_hole	11	11	mm ▼	长度 ▼	数字 ▼
8	Dia_hole_center	150	150	mm ▼	长度 ▼	数字 ▼
9	Dia_out	160	160	mm ▼	长度 ▼	数字 ▼
10	Length_splinen	85	85	mm ▼	长度 ▼	数字 ▼
11	Length_total	875	875	mm ▼	长度 ▼	数字 ▼
12	N	8	8		无单位 ▼	数字 ▼

图 7-21　半轴的主控参数表达式

3）绘制草图。单击"草图"按钮 ，进入草图环境，弹出"创建草图"对话框，选择"XC-ZC"平面作为草图放置面，选择"XC"方向的基准轴为草图的水平参考方向。在绘图区域绘制图 7-22 所示的草图，并添加适当而充分的约束条件（外圆直径为 D，圆心位于坐标系原点），单击"完成草图"按钮 ，退出草图环境。

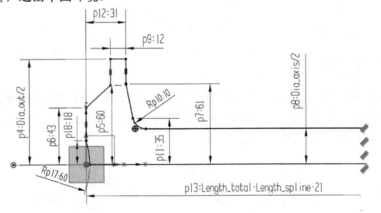

图 7-22　半轴截面草图

4）旋转。单击"旋转"按钮 ，弹出"旋转"对话框，选择图 7-22 所示草图。结束角度为"360"。单击"确定"按钮，完成旋转体的创建，如图 7-23 所示。

5）创建孔。

① 创建孔。单击"设计特征"工具栏中的"孔"按钮 ，"成形"选择"简单孔"；单击"孔

位置"按钮❸创建孔中心，如图 7-24 所示。添加几何约束（点落在 Y 轴上）和尺寸约束（距 X 轴距离为 Dia_hole_center/2），直径为 Dia_hole 和"深度限制"为"贯通体"，单击"应用"按钮。

图 7-23　旋转实体

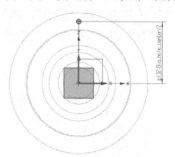

图 7-24　孔位置

② 阵列孔 1。单击"阵列特征"按钮，弹出"阵列特征"对话框。选择上一步创建的孔特征，在"布局"下拉列表中选择"圆形"，选择 Z 轴为"指定矢量"，选择原点为"指定点"，"数量""跨角"分别为"6"和"60"。单击"确定"按钮，完成阵列特征命令，如图 7-25 所示。

6）添加凸台 1。单击"凸台"按钮🗹，建立花键圆柱空位。选择半轴右端的平面作为圆柱头的放置面；凸台"直径"文本框中输入 D_spline_out；凸台"高度"文本框中输入"21"；凸台"锥角"文本框中输入"0"。添加的凸台 1 如图 7-26 所示。

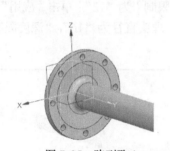

图 7-25　阵列孔 1

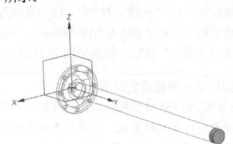

图 7-26　添加凸台 1

7）添加凸台 2。单击"凸台"按钮🗹，建立花键圆柱。选择创建的凸台右端的平面作为圆柱头的放置面；凸台"直径"文本框中输入 D_spline_bottom；凸台"高度"文本框中输入 Length_spline；凸台"锥角"文本框中输入"0"。添加的凸台 2 如图 7-27 所示。

8）创建花键

① 绘制草图。单击"草图"按钮🗹，进入草图环境，弹出"创建草图"对话框，选择步骤 7 创建的凸台侧面作为草图放置面，选择"XC"方向的基准轴为草图的水平参考方向。在绘图区域绘制图 7-28 所示的草图，添加约束（外围弧线半径为 D_spline_out/2，宽度为 B，内部弧线为凸台投影曲线），单击"完成草图"按钮🗹，退出草图环境。

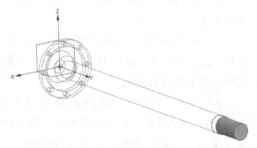

图 7-27　添加凸台 2

② 拉伸。单击"拉伸"按钮🗹，弹出"拉伸"对话框，选择图 7-28 所示草图。拉伸方向为"-YC"，"距离"为 Length_spline。布尔操作选择"合并"选项，并选择图 7-27 所示的凸台作为

求和对象。单击"确定"按钮，完成拉伸体的创建，如图 7-29 所示。

③ 阵列。单击"阵列特征"按钮，弹出"阵列特征"对话框。选择上一步创建的拉伸特征，在"布局"下拉列表选择"圆形"，选择 Z 轴为"指定矢量"，选择原点为"指定点"，"数量""跨角"分别为"N"和"360/N"。单击"确定"按钮，完成阵列特征命令，如图 7-30 所示。

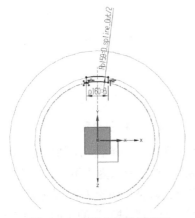

图 7-28　绘制花键曲线草图

图 7-29　拉伸结果

图 7-30　阵列结果

9）创建埋头孔。单击"设计特征"工具栏中的"孔"按钮 ，孔类型选择"埋头孔"；孔位置选择花键右侧中心，"孔径"为"6"，埋头直径为"14"，"深度限制"为"12"，单击"应用"按钮。

以相似的方法在半轴左端创建埋头孔："孔径"为"10"，埋头直径为"16"，"深度限制"为"20"，单击"确定"按钮。结果如图 7-31 所示。

特别提示：参数表的应用

UG NX 1953 新增参数表工具，使用"参数表"命令可管理模型的参数配置表，并将其存储在同一部件文件中。参数配置表由多组具有唯一值的表达式参数组成，指定不同的组别，可用于快速参数化零件。

1）选择"工具"→"实用"工具栏→"参数表"命令 ，打开"参数表"对话框如图 7-32 所示。

图 7-31　半轴模型

2）在"操作"选项组中，单击"通过表达式新建表"按钮 ，弹出图 7-33 所示的"新建表"对话框 1。

3）在"新建表"对话框中，右击并在快捷菜单中选择"添加表达式"，打开"选择表达式"对话框。在对话框中，按住〈Ctrl〉键并选择要更改的所有表达式，如图 7-34 所示。单击"确定"按钮，在新表中创建初始配置。

4）右击"配置"列标题（图 7-35）并在快捷菜单中选择"重命名配置"，如图 7-36 所示，在弹出的"重命名"对话框中输入"8*42*46*8"，表示表 7-1 中的花键尺寸系列的第一个尺寸规格，单击"确定"按钮，如图 7-37 所示。

5）右击新命名的"配置"列标题，在快捷菜单中选择"添加配置"，系统新增一列配置，如图 7-38、图 7-39 所示。

6）与步骤 4）一样，修改配置名称为"8*46*50*9"。双击对应文本框中数字，修改为相应的数值。

图 7-32 "参数表"对话框

图 7-33 "新建表"对话框 1

图 7-34 "选择表达式"对话框

图 7-35 "新建表"对话框 2

图 7-36 重命名配置

图 7-37 "重命名"对话框

7) 重复步骤 4) 和步骤 5), 完成 4 个系列的花键尺寸添加, 结果如图 7-40 所示。单击"确定"按钮。

图7-38　添加配置　　　　　　　　　　　　　图7-39　新增配置

8）修改名称。右击"参数表"或其中的配置，在快捷菜单中选择"重命名"，即可修改成想要的名称，如图7-41所示。完成的参数表如图7-42所示。

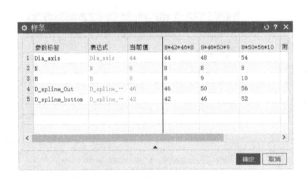

图7-40　表达式及参数

图7-41　修改参数表名称

7.3.4　半轴模型验证与调试

半轴模型的尺寸可通过修改表达式中数值来改变。

通过参数表控制模型，右击图7-43中所示的某一行，在弹出的快捷菜单中选择"激活"，或者双击配置，则所选的配置系列尺寸将驱动"驱动尺寸"改变，绘图区半轴直径及花键尺寸发生相应的变化。

说明：

1）活动配置由表格树中"配置"按钮上的绿色圆点表示。

2）当任一配置处于激活状态时，关联的表达式将被锁定。要将表达式解锁，必须停用与其关联的配置。

3）在"参数表"对话框中，双击当前值（Baseline）配置，可将表达式重置为其原始值。

4）右击当前值（Baseline）配置，并选择"停用"可以将表达式解锁。

图 7-42　完成的参数表

图 7-43　激活参数表

7.4　船舶舾装件参数化设计

在船舶设计中，大量应用了各种标准件和非标件，可以大幅提高船舶设计的效率。船舶舾装件是一个非常典型的结构，可以通过参数化建模的方法，改变部分参数实现模型的更新。

7.4.1　舾装件设计思路

船舶舾装件多为系列产品，基本都可以通对舾装设备特征的整理和归纳来描述舾装设备模型，在实际三维设计过程中，船舶舾装模型可以分为两大类，即标准件和非标件。标准件一般是外购件和通用件，这类舾件的所有外形结构特征都有标准依据，大多是从设备厂家订购的。

通风机是典型的船舶舾装件非标件，设计时要保证模型满足三维设计标准和相关规范，根据现场布置情况对模型的某一部分具体特征尺寸进行修改，因此不同的船型、不同尺度的船舶，甚至同一船舶不同区域的这类舾装件的尺寸特征都不完全相同，因此非标件的参数化要求更精细，才能满足其不断变化的外形特征，也便于之后制造图的准确绘制。

通风机建模前可按照国内主流大型船厂《舾装三维设计标准》以及相关规范要求整理出模型的主要特征参数和检查规则。为了保证之后的三维模型设计完全参数化，参数的选择既要考虑舾装件的外形尺寸参数，还要考虑隐藏的一些工艺参数，以及一些规则约束。设计时采用 WAVE 模式的自顶向下的方法，首先建立风机外壳的草图，然后创建子组件（风机及底座），将关键参数和风机模型创建过程中的对应特征建立联系，避免出现超出规范和设计标准的情况。

7.4.2　风机主控参数设计

本例采用自顶向下的装配建模的方法，在顶层装配中建立主控参数及草图，分别建立两个子组件，将顶层装配中的草图链接到两个子组件中，从而实现装配模型的参数化。

1）利用计算机写字板或记事本新建一个空的文本文件（.txt），将该文件重命名为"风机组件.exp"。注意修改其扩展名为".exp"。

2）打开"风机组件.exp"文件，建立图 7-44 所示的风机组件 UG NX 模板部件的主控参数，保存并退出该文件。

图 7-44　风机组件的主控参数

7.4.3 舾装件参数建模

（1）创建并打开风机组建模主控参数

运行 UG NX，建立公制的、文件名为"风机组件_asm.prt"的风机标准组件，注意选择模板为"装配"，进入建模环境。

选择"工具"→"表达式"命令，弹出"表达式"对话框，单击"从文件导入表达式"按钮，将"风机组件.exp"文件中的表达式导入到 UG NX 中，如图 7-45 所示。

↑ 名称	公式	值	单位	量纲	类型
1 ∨ 默认组					
2			mm ▼	长度 ▼	数字
3 A	280	280	mm ▼	长度 ▼	数字
4 B	300	300	mm ▼	长度 ▼	数字
5 C	340	340	mm ▼	长度 ▼	数字
6 D	375	375	mm ▼	长度 ▼	数字
7 d1	12	12	mm ▼	长度 ▼	数字
8 E	290	290	mm ▼	长度 ▼	数字
9 F	390	390	mm ▼	长度 ▼	数字
10 L	400	400	mm ▼	长度 ▼	数字
11 n	8	8		无单位 ▼	数字

图 7-45　风机组件的主控参数

（2）绘制两个草图特征

1）绘制草图 1。单击"草图"按钮，进入"创建草图"对话框，选择"XC-YC"平面作为草图放置面，选择"ZC"方向的基准轴为草图的水平参考方向。

在绘图区域绘制图 7-46 所示的草图 1，并添加适当而充分的约束条件（尺寸约束和几何约束），单击"完成草图"按钮退出绘制草图环境。

2）绘制草图 2。再一次单击"草图"按钮，进入"创建草图"对话框，选择"XC-YC"平面作为草图放置面，选择"ZC"方向的基准轴为草图的水平参考方向。

在绘图区域绘制图 7-47 所示的草图 2，并添加适当而充分的约束条件（尺寸约束和几何约束），单击"完成草图"按钮退出绘制草图环境。

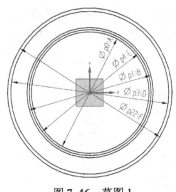

图 7-46　草图 1

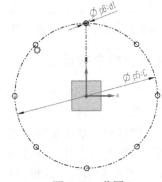

图 7-47　草图 2

（3）绘制风机组件中"风机组件.prt"的几何模型

1）选择"装配"→"新建"命令，弹出"新建组件"对话框，输入文件名"风机组件.prt"

并按〈Enter〉键，在"新建组件"对话框中单击"确定"按钮。

2）将子组件"风机组件.prt"切换为工作部件。选择"装配"→"WAVE 几何链接器"命令，弹出图 7-48 所示的"WAVE 几何链接器"对话框，类型选择"复合曲线"，选择如图 7-49 所示的曲线。

图 7-48　"WAVE 几何链接器"对话框 1

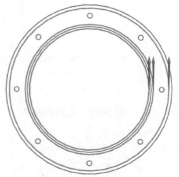

图 7-49　选择曲线 1

3）单击"拉伸"按钮，弹出"拉伸"对话框。选择图 7-50 所示的曲线，结束距离选择"公式"，进入"表达式"对话框。单击"创建/编辑部件间表达式"按钮，在弹出的"创建单个部件间表达式"对话框中选择"风机组件.prt"，然后选择"源"表达式为"L"，连续单击"确定"按钮，完成拉伸体的创建，如图 7-51 所示。

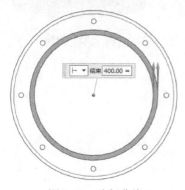

图 7-50　选择曲线 2

图 7-51　拉伸 1

4）单击"拉伸"按钮，弹出"拉伸"对话框，选择图 7-52 所示的曲线，结束距离为"20"。布尔操作选择"合并"选项，并选择图 7-51 所示的拉伸体作为求和对象。单击"确定"按钮，完成拉伸体的创建，如图 7-53 所示。

5）单击"拉伸"按钮，弹出"拉伸"对话框，选择如图 7-54 所示的曲线，开始距离选择"公式"，进入"表达式"对话框。单击"创建/编辑部件间表达式"按钮，在弹出的"创建单个部件间表达式"对话框中选择"风机组件.prt"，然后在"公式"文本框中输入"L-20"，单击"确定"按钮。同理结束距离选择"公式"，进入"表达式"对话框，然后在"公式"文本框中输入"L"，单击"确定"按钮。布尔操作选择"合并"选项，并选择图 7-53 所示的拉伸体作为求和对象。完成拉伸体的创建，如图 7-55 所示。

6）选择"装配"→"WAVE 几何链接器"命令，弹出图 7-56 所示的"WAVE 几何链接器"对话框，类型选择"复合曲线"，选择图 7-57 所示的曲线。

图 7-52　选择曲线 3

图 7-53　拉伸 2

图 7-54　选择曲线 4

图 7-55　拉伸 3

图 7-56　"WAVE 几何链接器"对话框 2

图 7-57　选择曲线 5

7）单击"拉伸"按钮，弹出"拉伸"对话框。选择图 7-58 所示的曲线，开始距离为"0"，结束距离选择"公式"，进入"表达式"对话框。单击"创建/编辑部件间表达式"按钮，在弹出的"创建单个部件间表达式"对话框中选择"风机组件.prt"，然后选择"源"表达式为"L"，单击"确定"按钮。布尔操作选择"减去"，结果如图 7-59 所示。单击"确定"按钮，完成拉伸体的创建，如图 7-60 所示。

8）单击"草图"按钮，进入"创建草图"对话框，选择"XC-YC"平面作为草图放置面，选择"ZC"方向的基准轴为草图的水平参考方向。

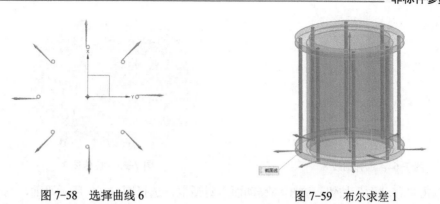

图 7-58　选择曲线 6　　　　　　　　　　图 7-59　布尔求差 1

9）在绘图区域绘制图 7-61 所示的草图，并添加适当而充分的约束条件（尺寸约束和几何约束），单击"完成草图"按钮退出草图环境。

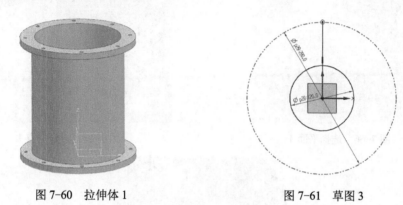

图 7-60　拉伸体 1　　　　　　　　　　图 7-61　草图 3

10）单击"拉伸"按钮，弹出"拉伸"对话框。选择图 7-62 所示的曲线，开始距离为"70"，结束距离为"220"，单击"确定"按钮，完成拉伸体的创建，如图 7-63 所示。

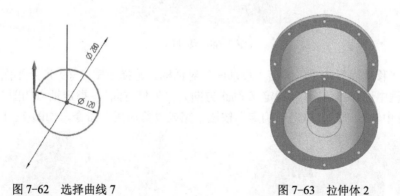

图 7-62　选择曲线 7　　　　　　　　　　图 7-63　拉伸体 2

11）单击"拉伸"按钮，弹出"拉伸"对话框，选择图 7-64 所示的曲线，开始距离为"100"，结束距离为"200"。展开"偏置"选项组，在"偏置"选项中选择"对称"，在"结束"文本框中输入"5"。布尔操作选择"合并"选项，选择步骤 10）创建的拉伸体。单击"确定"按钮，完成拉伸体的创建，如图 7-65 所示。

图 7-64　选择曲线 8

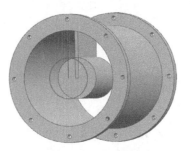
图 7-65　拉伸体 3

12）单击"移动面"按钮，弹出"移动面"对话框，选择图 7-66 所示平面，在"运动"方式下拉列表框中选择"角度"，指定 Z 轴负方向为"矢量方向"，指定轴点如图 7-67 所示，在"角度"文本框中输入"5"。单击"确定"按钮，完成"移动面"命令，如图 7-68 所示。

图 7-66　选择平面 1

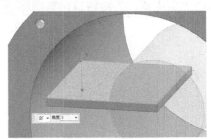
图 7-67　指定轴点 1

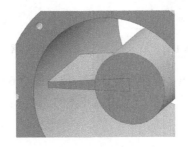
图 7-68　移动面 1

13）单击"移动面"按钮，弹出"移动面"对话框。选择如图 7-69 所示平面，在"运动"方式下拉列表框中选择"角度"，指定 Z 轴正方向为"矢量方向"，指定轴点如图 7-70 所示，在"角度"文本框中输入"5"。单击"确定"按钮，完成"移动面"命令，如图 7-71 所示。

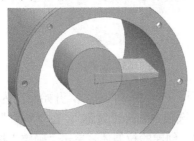
图 7-69　选择平面 2

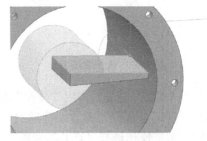
图 7-70　指定轴点 2

14）单击"阵列特征"按钮，弹出"阵列特征"对话框。在部件导航器中选择步骤 8）、9）、10）

创建的 3 个特征，在"布局"下拉列表中选择"圆形"，选择 Z 轴为"指定矢量"，选择原点为"指定点"，在"间距"下拉列表中选择"数量和跨距"，"数量""跨角"分别为"8"和"360"。单击"确定"按钮，完成"阵列"特征命令，如图 7-72 所示。

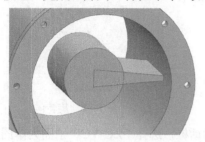

图 7-71　移动面 2

图 7-72　阵列特征 1

15）单击"倒斜角"按钮，弹出"倒斜角"对话框。选择图 7-73 所示边，在"横截面"下拉列表中选择"对称"选项，在"距离"文本框输入"5"。单击"确定"按钮，完成"倒斜角"命令，如图 7-74 所示。

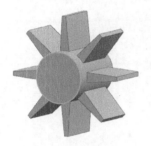

图 7-73　选择边 1

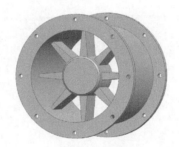

图 7-74　倒斜角

16）单击"拉伸"按钮，弹出"拉伸"对话框。选择图 7-75 所示的边，开始距离为"0"，结束距离为"20"，布尔操作选择"合并"选项，选择步骤 10）创建的拉伸体。在"偏置"下拉列表中选择"单侧"，在"结束"文本框输入"-50"。单击"确定"按钮，完成拉伸体的创建，如图 7-76 所示。

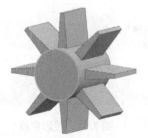

图 7-75　选择边 2

图 7-76　拉伸体 4

17）单击"旋转"按钮，弹出"旋转"对话框。单击"草图选择"按钮进入草图环境，在绘图区域绘制图 7-77 所示的草图，并添加适当而充分的约束条件（尺寸约束和几何约束），单击"完成草图"按钮退出草图环境。指定 Z 轴为"矢量方向"，原点为"指定点"，结束角度为"360"。单击"确定"按钮，完成旋转体的创建，如图 7-78 所示。

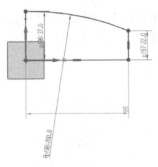

图 7-77　草图 4

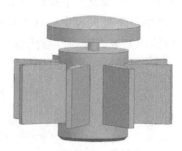

图 7-78　旋转体

18）单击"草图"按钮，进入"创建草图"对话框，选择"ZC-YC"平面为草图放置面，选择"XC"方向的基准轴为草图的水平参考方向。

在绘图区域绘制图 7-79 所示的草图，并添加适当而充分的约束条件（尺寸约束和几何约束），单击"完成草图"按钮退出草图环境。

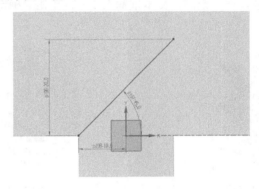

图 7-79　草图 5

19）单击"投影曲线"按钮，进入"投影曲线"对话框。选择步骤 18）绘制的草图曲线，投影对象选择图 7-80 所示面，投射方向选择 X 轴。单击"确定"按钮，完成投影曲线的创建，如图 7-81 所示。

图 7-80　选择投影对象

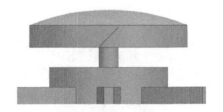

图 7-81　投影曲线

20）单击"拉伸"按钮，弹出"拉伸"对话框。选择图 7-81 所示投影曲线，开始距离为"0"，结束距离为"55"。展开"偏置"选项组，在"偏置"选项中选择"两侧"，在"结束"文本框中输入"2"。单击"确定"按钮，完成拉伸体的创建，如图 7-82 所示。

21）单击"替换面"按钮，弹出"替换面"对话框。选择图 7-83 所示面为"原始面"，选择图 7-80 所示的面为"选择面"。单击"确定"按钮，完成"替换面"命令。

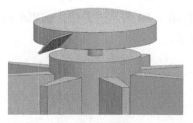

图 7-82　拉伸体 5

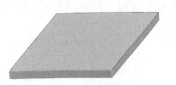

图 7-83　选择面 3

22）单击"阵列特征"按钮，弹出"阵列特征"对话框。选择步骤 20）创建的拉伸体·，在"布局"下拉列表中选择"圆形"，选择 Z 轴为"指定矢量"，选择原点为"指定点"，在"间距"下拉列表中选择"数量和跨距"，"数量""跨距"分别为"8"和"360"。单击"确定"按钮，完成"阵列特征"命令，如图 7-84 所示。

23）单击"合并"按钮，弹出"合并"对话框，选择步骤 17）创建的旋转体为"目标体"，选择图 7-85 所示体为"工具体"。单击"确定"按钮，完成"合并"命令。

图 7-84　阵列特征 2

24）单击"合并"按钮，弹出"合并"对话框，选择步骤 22）创建的体为"目标体"，选择图 7-86 所示体为"工具体"。单击"确定"按钮，完成"合并"命令。

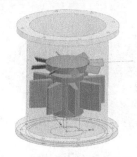

图 7-85　合并 1

图 7-86　合并 2

（4）风机组件中"板材座架.prt"的几何模型

1）选择"装配"→"新建"命令，弹出"新建组件"对话框，输入文件名"板材座架.prt"并按〈Enter〉键，在"新建组件"对话框中单击"确定"按钮。

2）将子组件"板材座架.prt"切换为工作部件。选择"装配"→"WAVE 几何链接器"命令，弹出图 7-87 所示的"WAVE 几何链接器"对话框，类型选择"复合曲线"，选择图 7-88 所示的曲线。

图 7-87　"WAVE 几何链接器"对话框 3

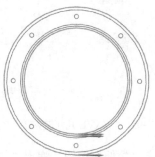

图 7-88　选择曲线 9

261

3）单击"拉伸"按钮，弹出"拉伸"对话框。选择图7-89所示的曲线，结束距离为"-12"，单击"确定"按钮，完成拉伸体的创建，如图7-90所示。

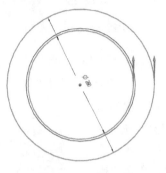

图 7-89　选择曲线 10

图 7-90　拉伸体 6

4）单击"拉伸"按钮，弹出"拉伸"对话框。选择图7-91所示的曲线，开始距离为"0"，结束距离为"-112"。展开"偏置"选项组，在"偏置"选项中选择"两侧"，在"结束"文本框中输入"5"。布尔操作选择"合并"选项，选择步骤3）创建的拉伸体。单击"确定"按钮，完成拉伸体的创建，如图7-92所示。

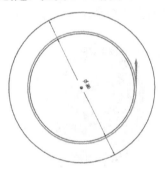

图 7-91　选择曲线 11

图 7-92　拉伸体 7

5）选择"装配"→"WAVE 几何链接器"命令，弹出图7-93所示的"WAVE 几何链接器"对话框，类型选择"复合曲线"，选择图7-94所示的曲线。

图 7-93　"WAVE 几何链接器"对话框 4

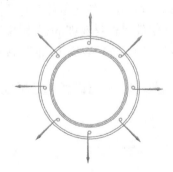

图 7-94　选择曲线 12

6）单击"拉伸"按钮，弹出"拉伸"对话框。选择图7-95所示的曲线，"指定矢量"选择"-ZC"轴，开始距离为"0"，在"结束"下拉列表中选择"直至下一个"，布尔操作选择"减去"

选项。单击"确定"按钮，完成拉伸体的创建，如图 7-96 所示。

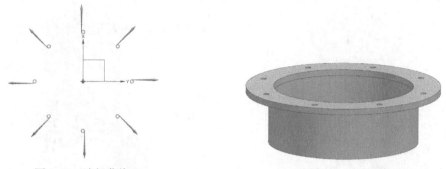

图 7-95　选择曲线 13　　　　　　　　　　　图 7-96　布尔求差 2

7）单击"草图"按钮，进入"创建草图"对话框，"平面方法"选项选择"新平面"，在"指定平面"下拉列表中选择"成一角度"，选择图 7-97 所示的平面对象和线性对象，并指定"角度"为"22.5"，指定 Z 轴为"指定矢量"，原点为"指定点"，单击"确定"按钮创建草图。

在绘图区域绘制图 7-98 所示的草图，并添加适当而充分的约束条件（尺寸约束和几何约束），单击"完成草图"按钮退出草图环境。

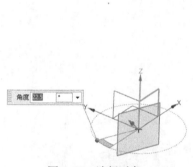

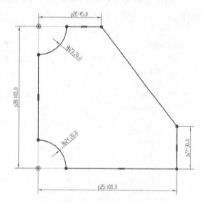

图 7-97　选择对象　　　　　　　　　　　　图 7-98　草图 6

8）单击"拉伸"按钮，弹出"拉伸"对话框，选择图 7-98 所示草图曲线，选择 X 轴作为"指定矢量"，在"结束"下拉列表中选择"对称值"，结束距离为"10"。布尔操作选择"无"选项。单击"确定"按钮，完成拉伸体的创建，如图 7-99 所示。

9）单击"阵列特征"按钮，弹出"阵列特征"对话框，选择步骤 8）创建的拉伸特征，在"布局"下拉列表中选择"圆形"，选择 Z 轴为"指定矢量"，选择原点为"指定点"，在"间距"下拉列表中选择"数量和跨距"，"数量""跨角"分别为"8"和"360"。单击"确定"按钮，完成"阵列特征"命令，如图 7-100 所示。

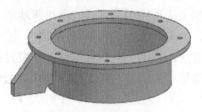

图 7-99　拉伸体 8　　　　　　　　　　　图 7-100　阵列特征 3

自顶向下的风机整体装配模型和内部结构如图 7-101 和图 7-102 所示。

图 7-101　风机整体装配模型

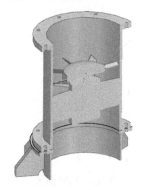

图 7-102　风机整体装配内部结构

7.4.4　船舶舾装件模型验证和调试

打开部件导航器，如图 7-103 所示，两个草图特征分别为风机外壳及螺栓孔，草图如图 7-104 所示。修改 F、D、E、B、A 五个参数，注意保持它们之间的相对关系，查看风机模型结构的变化。

图 7-103　部件导航器

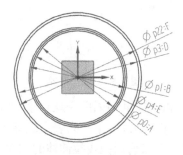

图 7-104　绘制草图

7.5　本章小结

本章讲述了工程实际中非标件的开发方法，包括工程机械中的吊耳、汽车驱动桥中的半轴和船舶舾装件风机。开发方法分别使用了三种：第一，为条件表达式和特征的抑制；第二，是参数表控制的花键参数化设计；第三，利用自顶向下的方法，介绍了组件标准件的开发过程。实际应用中，应根据实际情况，灵活选用合适的方法，以简单可靠的方法满足实际需求为最佳。